工业和信息化普通高等教育"十二五"规划教材立项项目

安徽省教育厅组编计算机教育系列教材

新编Visual Basic程序设计上机实验教程

A New Computer Experiment Course for Visual Basic Programming

孙家启 主编

万家华 王骏 副主编

U0213023

高校系列

人民邮电出版社

北 京

图书在版编目（CIP）数据

　　新编Visual Basic程序设计上机实验教程 / 孙家启
主编. -- 北京：人民邮电出版社，2013.1（2021.12重印）
　　21世纪高等学校计算机规划教材. 高校系列
　　ISBN 978-7-115-29945-1

　　Ⅰ. ①新… Ⅱ. ①孙… Ⅲ. ①
BASIC语言－程序设计－高等学校－教材 Ⅳ. ①TP312

　　中国版本图书馆CIP数据核字(2012)第294196号

内 容 提 要

　　本书为《新编 Visual Basic 程序设计教程》的配套教材，由上机实验、综合实验、Visual Basic 程序设计考试样题及参考答案、附录（Visual Basic 程序设计典型应用题）4 部分组成。

　　本书内容与教程配套安排，其中上机实验（共 18 个实验）可以加强学生对理论知识的快速吸收，有助于提高实际应用能力；综合实验（共 5 个实验）是提高性的、难度较高的实验，根据学历层次（本科、专科）和学时的不同，学生可在完成 18 个基本实验后选做或自学完成；程序设计样题及参考答案，有利于学生练习提高。本书附录（Visual Basic 程序设计典型应用题）是帮助学生用 Visual Basic 程序设计语言编写应用程序的案例。

　　本书可作为高等学校各专业 Visual Basic 程序设计课程的配套教材，也可供准备参加安徽省（或全国）高等学校计算机水平（等级）考试的读者阅读研习。

　◆　主　编　孙家启
　　　副主编　万家华　王　骏
　　　责任编辑　董　楠

　◆　人民邮电出版社出版发行　　北京市丰台区成寿寺路 11 号
　　　邮编　100164　　电子邮件　315@ptpress.com.cn
　　　网址　http://www.ptpress.com.cn
　　北京九州迅驰传媒文化有限公司印刷

　◆　开本：787×1092　　1/16
　　　印张：11　　　　　　　　　2013 年 1 月第 1 版
　　　字数：287 千字　　　　　　2021 年 12 月北京第 9 次印刷

ISBN 978-7-115-29945-1

定价：25.00 元

读者服务热线：(010)81055256　印装质量热线：(010)81055316
反盗版热线：(010)81055315
广告经营许可证：京东市监广登字 20170147 号

　　本书是《新编 VisuaI Basic 程序设计教程》的配套教材。学习 VisuaI Basic 程序设计仅凭看书和听课是不够的。程序设计需要必备的理论知识指导，而更重要的是丰富的实践经验。许多细节是难以直接从教科书中体会的，必须经过自身实践才能真正领悟。因此，在学习过程中必须十分重视上机实践环节，包括编写和调试应用程序。本实验教程就是为了帮助读者更好地进行程序设计实践而编写的，全书归纳为 4 个部分。

　　第一部分是 Visual Basic 程序设计上机实验。每一个实验都包括了实验目的、实验要求、实验内容、实验步骤、思考与练习等。在这部分中，突出应用可视化工具和面向对象编程方法，以操作步骤为线索，强调实用性和操作性。

　　第二部分是 VisuaI Basic 程序设计综合实验（包含 5 个实验）。每个实验都包括了实验目的、实验要求、实验内容、实验步骤等。这部分是提高性的、难度较高的实验内容，根据学历层次（本科、专科）和学时（建议上机时数不小于 30 学时）的差异，学生可以在完成 18 个基本实验后选做或自学完成。

　　第三部分是 Visual Basic 程序设计无纸化考试样题及参考答案。为了帮助学生更好地备战，本书提供了 4 套无纸化考试样题及参考答案。考试样题给学生提供了一个自我检验的途径，让学生在学完本课程之后可以通过这些样题的检测，从中发现自己所学内容有哪些部分存在疑问，哪些知识掌握得还比较薄弱，从而可以进行有针对性的复习与巩固，最终达到通过考试的目的。

　　第四部分是附录，Visual Basic 程序设计典型应用题——学生信息系统。

　　本书由孙家启任主编并最后统稿，万家华、王骏任副主编。孙家启编写第一部分第 1 章、第 2 章和第四部分，万家华编写第一部分第 3 章、第 7 章和第二部分综合实验 1、实验 2，王骏编写第一部分第 4 章、第 6 章、第 10 章和第三部分，刘书影编写第一部分第 5 章和第二部分综合实验 3，曾莉编写第一部分第 8 章和第二部分综合实验 4，姚成编写第一部分第 9 章和第二部分综合实验 5。

　　本书的编写工作得到了安徽省内高校专家、同行的大力支持，特别是得到了安徽新华学院领导的大力支持，在此一并表示感谢！

　　由于编写时间仓促，加之水平有限，书中内容难免有疏误之处，欢迎广大读者批评指正。

作　者
2013 年 1 月

目　录

第一部分　Visual Basic 程序设计上机实验

第 1 章　Visual Basic 程序设计概论 ……………2

实验　认识 Visual Basic 6.0 系统及程序设计初步 …………2

第 2 章　简单 Visual Basic 程序设计 ……………8

实验 1　窗体对象 ………………8
实验 2　命令按钮、标签、文本框 …………10
实验 3　简单 Visual Basic 应用程序创建实例 ………………12

第 3 章　Visual Basic 语言基础 ………16

实验 1　Visual Basic 程序设计的基本概念 …16
实验 2　选择结构程序设计 …………18
实验 3　循环结构程序设计 …………22
实验 4　Visual Basic 6.0 中过程的应用 ………24

第 4 章　数组 ………………31

实验　数组的应用 …………31

第 5 章　用户界面设计 ………37

实验 1　Visual Basic 6.0 中单选按钮、复选按钮、框架和计时器控件的应用 ………37

实验 2　Visual Basic 6.0 中列表框、组合列表框和滚动条的应用 ………………41
实验 3　Visual Basic 6.0 中图像和图形的应用 ………………47

第 6 章　菜单设计 ………………52

实验　菜单设计示例 ………………52

第 7 章　鼠标与键盘事件 ………56

实验　鼠标与键盘事件 ………………56

第 8 章　文件处理 ………………61

实验 1　Visual Basic 6.0 中多文档窗体和文件系统控件的应用 ………61
实验 2　文件的基本操作 …………66

第 9 章　数据库编程 ………………70

实验　Visual Basic 6.0 中利用 Data 控件访问数据库 ………………70

第 10 章　使用 ActiveX 控件 ………74

实验　Visual Basic 6.0 中使用 ActiveX 控件 ………………74

第二部分　Visual Basic 程序设计综合实验

综合实验 1　图片文件浏览器 …………82

综合实验 2　排列数字游戏 …………86

综合实验 3　导弹拦截游戏 …………88

综合实验 4　7 种常见的排序算法 ……94

综合实验 5　会旋转的窗体 …………104

第三部分　全国高等学校（安徽考区）Visual Basic 程序设计无纸化考试样题及参考答案

第1套　Visual Basic 程序设计无纸化考试样题及参考答案……112

第2套　Visual Basic 程序设计无纸化考试样题及参考答案……120

第3套　Visual Basic 程序设计无纸化考试样题及参考答案……127

第4套　Visual Basic 程序设计无纸化考试样题及参考答案……133

第四部分　附录

Visual Basic 程序设计典型应用题——学生信息管理系统………142

第一部分
Visual Basic 程序设计上机实验

第 1 章　Visual Basic 程序设计概论

第 2 章　简单 Visual Basic 程序设计

第 3 章　Visual Basic 语言基础

第 4 章　数组

第 5 章　用户界面设计

第 6 章　菜单设计

第 7 章　鼠标与键盘事件

第 8 章　文件处理

第 9 章　数据库编程

第 10 章　使用 ActiveX 控件

第1章
Visual Basic 程序设计概论

实验 认识 Visual Basic 6.0 系统及程序设计初步

【实验目的】

通过本次实验，一方面练习 Visual Basic 6.0 的启动和退出，熟悉 Visual Basic 6.0 的集成开发环境；另一方面学习编写程序的步骤，加深对关键性概念的理解。

【实验要求】

1. 掌握 Visual Basic 6.0 的启动和退出的各种方法；
2. 掌握定制 Visual Basic 6.0 开发环境的方法；
3. 掌握开发 Visual Basic 6.0 程序的基本步骤，加深对 Visual Basic 6.0 关键性概念的理解。

【实验要求】

1. 利用多种方法启动 Visual Basic 6.0 系统；
2. 利用多种方法退出 Visual Basic 6.0 系统；
3. 定制 Visual Basic 6.0 开发环境；
4. 编写一个简单的 Visual Basic 6.0 程序。

【实验步骤】

1. 启动 Visual Basic 6.0 系统

方法一：利用开始菜单启动 Visual Basic 6.0。

单击"开始"→"所有程序"→"Microsoft Visual Basic 6.0 中文版"就可以启动 Visual Basic 6.0 中文版，如图 1.1 所示。

方法二：利用快捷方式启动 Visual Basic 6.0。

双击桌面上的快捷图标就可以启动 Visual Basic 6.0 中文版。采用这种方法必须先在桌面创建快捷方式。

方法三：利用"运行"命令启动 Visual Basic 6.0。

操作步骤：

单击"开始"按钮，弹出"开始"菜单。

① 单击其中的"运行（R）…"选项，弹出如图 1.2 所示的"运行"对话框。

② 单击图 1.2 中的"浏览"按钮，弹出如图 1.3 所示的"浏览"对话框。

③ 在"浏览"对话框中，打开"C:\Program Files\Microsoft Visual Studio\VB98\VB6.EXE"文件。

图 1.1　利用"开始"菜单启动 Visual Basic 6.0 的过程

图 1.2　"运行"对话框　　　　　　　图 1.3　"浏览"对话框

④ 单击"浏览"对话框中的"打开"按钮，再单击"运行"对话框中的"确定"按钮，就可以启动 Visual Basic 6.0。

● 也可以直接在"运行"对话框中输入"C:\Program Files\Microsoft Visual Studio\VB98\VB6.EXE"。

● 根据 Visual Basic 6.0 安装位置来选择盘符。例如，安装在 D 盘则输入"D:\Program Files\Microsoft Visual Studio\VB98\VB6.EXE"。

在用上述任何一种方法启动 Visual Basic 6.0 后，将会弹出"新建工程"对话框，如图 1.4 所示，询问用户要创建的工程类别，系统默认为标准 EXE 文件。直接单击对话框中的"打开"按钮，就进入 Visual Baisc 6.0 集成开发环境，如图 1.5 所示。

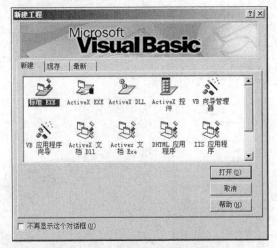

图 1.4 "新建工程"对话框

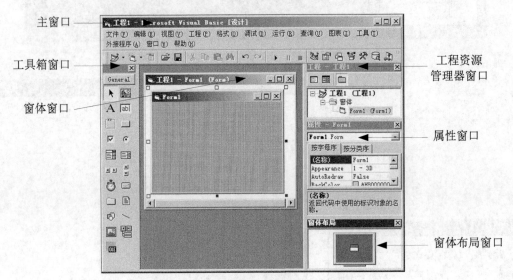

图 1.5 Visual Basic 6.0 的集成开发环境

2. 退出 Visual Basic 6.0 系统

方法一：双击图 1.5 左上角的窗口控制图标，退出 Visual Basic 6.0。

方法二：单击图 1.5 右上角的关闭控钮，退出 Visual Basic 6.0。

方法三：单击图 1.5 中"文件"菜单，从下拉菜单中选择"退出"命令，就可以退出 Visual Basic 6.0。

3. 定制 Visual Basic 6.0 开发环境

（1）使用菜单和拖动窗口的方法定制 Visual Basic 6.0 集成开发环境。

操作步骤：

① 单击"工具窗口"、"工程资源管理器窗口"、"属性窗口"及"窗体布局窗口"右上角的关闭按钮，将这 4 个窗口全部关闭，为定制一个 Visual Basic 6.0 集成开发环境做好准备。

② 使用以下方法定制 Visual Basic 6.0 的集成开发环境：

- 单击"视图"菜单中的"工具箱"选项，打开"工具箱"窗口；
- 单击"视图"菜单中的"工程资源管理器"选项，打开"工程资源管理器"窗口；
- 单击"视图"菜单中的"属性窗口"选项，打开"属性"窗口；
- 单击"视图"菜单中的"窗体布局窗口"选项，打开"窗体布局"窗口。

最后得到如图 1.5 所示的窗口。

用鼠标拖动这 4 个窗口的标题栏，移动窗口到合适的位置，可以得到自己定制的集成开发环境，如将"属性"窗口拖动至图 1.6 所示的位置。

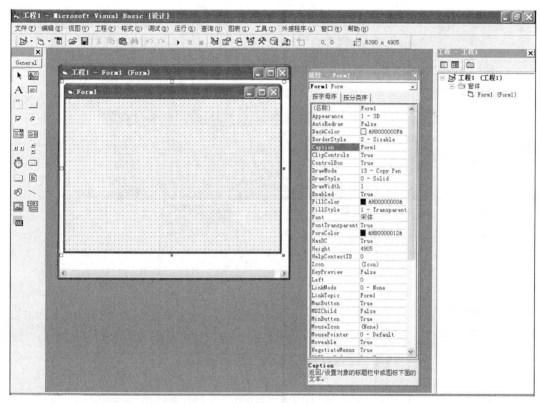

图 1.6   将"属性"窗口拖动到合适的位置后的集成开发环境

（2）使用"选项"对话框定制 Visual Basic 6.0 系统环境。

单击"工具"菜单中的"选项（O）…"菜单项，系统弹出"选项"对话框，如图 1.7 所示。使用对话框中的各个选项卡，可以对 Visual Basic 6.0 集成开发环境中的各种参数进行定制。

例如，选择"通用"选项卡，在"窗体网格设置"选项中选择"显示网格"，并设置"宽度"、"高度"值均为 50，可以使网格更密一些，这样提高了控件对象的定位精度。

4．编写简单的 Visual Basic 应用程序

操作步骤：

（1）利用资源管理器，在 C 盘名为"VB 实验"的文件夹下创建一个名为"第 1 章实验 1"的文件夹，如图 1.8 所示。

（2）启动 Visual Basic 6.0 系统，并在"新建工程"对话框中，选择默认项"标准 EXE"，单击"打开"按钮，创建一个"标准 EXE"工程，如图 1.1、图 1.4 和图 1.5 所示。

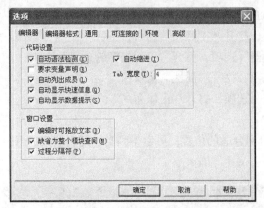

图 1.7　使用"选项"对话框定制 VB 6.0 集成开发环境　　　　图 1.8　"VB 实验"文件夹结构

（3）利用 Visual Basic 6.0 的集成开发环境，依次通过拖动左侧工具箱上的"标签"控件与"命令按钮"控件，向窗体内添加 1 个标签与 4 个命令按钮，如图 1.9 所示。

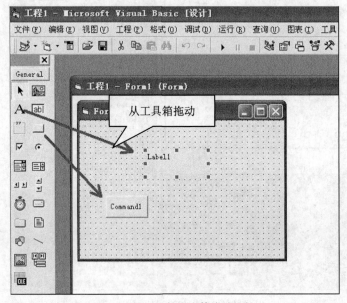

图 1.9　从工具箱向窗体拖动控件

（4）先设置窗体 Form1 的标题（属性名为 Caption）为"第 1 章实验"，然后设置标签 Label1 的标题（属性名为 Caption）为空；对于 4 个命令按钮，其中名称为 Command1 的按钮标题（属性名为 Caption）设置为"屏幕输出"，名称为 Command2 的按钮标题设置为"标签输出"，名称为 Command3 的按钮标题设置为"屏幕内容清除"，名称为 Command4 的按钮标题设置为"标签内容清除"，如图 1.10 所示。

具体的操作步骤是，选中相应的控件后，利用图 1.6 中的属性窗口分别设置各控件的属性值。

图 1.10　实验窗口界面

（5）通过编写代码，实现单击"屏幕输出"按钮，在窗体上打印"第一个 VB 示例"。单击"标签输出"按钮，在标签内输出"第一个 VB 示例"，单击"屏幕内容清除"按钮，清除刚才打印在窗体上的内容，单击"标签内容清除"按钮，则清除标签的内容。

具体的操作步骤是，直接在设计窗口上双击相应的按钮，即可进入相应按钮的 Click 事件代码过程，然后输入以下相应的过程代码。

```
Command1 的 Click 事件过程代码
    Print "第一个 VB 示例"
Command2 的 Click 事件过程代码
    Label1.Caption = "第一个 VB 示例"
Command3 的 Click 事件过程代码
    Cls
Command4 的 Click 事件过程代码
    Label1.Caption = " "
```

如图 1.11 所示。

（6）按 F5 键或单击标准工具栏上的"运行"按钮 ▶，运行、调试应用程序。

（7）单击标准工具栏上的"保存"按钮 🖫，将其保存到第一步建立的文件夹内，窗体名为"实验窗体"，工程名为"第 1 章实验工程"。保存完成后，工程资源管理器窗口如图 1.12 所示。

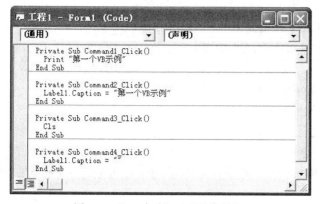

图 1.11　"VB 实验"工程的代码窗口

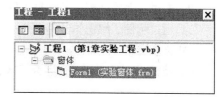

图 1.12　实验工程资源管理器窗口

（8）最后，利用文件菜单生成名为"第 1 章实验工程"的可执行的 EXE 文件。

第 2 章
简单 Visual Basic 程序设计

实验 1 窗 体 对 象

【实验目的】

通过本次实验，掌握对 Visual Basic 中窗体对象的常用属性、方法与事件的应用。

【实验要求】

1. 掌握 Visual Basic 中窗体对象的常用属性设置。

2. 掌握 Visual Basic 中窗体对象的典型事件与方法的应用。

【实验内容】

1. 分别通过属性窗口与代码方式设置窗体对象的常用属性。

2. 通过示例验证窗体的常见事件的发生顺序。

3. 通过示例了解窗体常用方法的功能。

【实验步骤】

（1）创建实验文件夹，命名为"第 2 章实验 1"，然后启动 Visual Basic，并创建一个标准 EXE 工程。

（2）如表 2.1 所示，设置窗体的相关属性。

表 2.1　　　　　　　　　　　　窗体对象属性设置

属 性 名	属 性 值	相 关 说 明
名称（Name）	frmMain	用于标识窗体
Caption	窗体的常用属性、事件与方法	显示在窗体标题栏上的内容
Height	4000	窗体的高度
Width	3600	窗体的宽度
Picture	C:\Documents and Settings\All Users\Documents\My Pictures\示例图片\Blue hills.jpg	设置窗体的背景图片
BorderStyle	1-Fixed Single	设置边框样式为单边框
Font	设置为黑体、四号字	设置窗体的字体样式

（3）在窗体上添加两个命令按钮控件，Caption 属性分别设置为"修改位置与大小 1"与"修改位置与大小 2"，运行的初始界面如图 2.1 所示。

（4）编写代码并运行，演示窗体常用事件的触发动作，了解如何利用代码修改窗体的常用属性并掌握窗体的常用方法。

```vb
'窗体的装载（Load）事件
Private Sub Form_Load()
    MsgBox "触发了窗体的 Load 事件"
End Sub

'窗体的单击（Click）事件
Private Sub Form_Click()
    MsgBox "触发了窗体的 Click 单击事件"
    Me.Cls
    Me.Picture = LoadPicture()
    Me.BackColor = vbWhite
    Me.ForeColor = vbBlue
    Print "使用了 Cls 方法"
    Print "删除了背景图片"
    Print "背景色改为白色，前景色改为蓝色"
End Sub
```

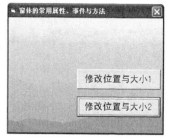

图 2.1　窗体的属性、事件与方法

```vb
'窗体的改变大小（Resize）事件
Private Sub Form_Resize()
    MsgBox "触发了窗体的 Resize 事件"
End Sub

'窗体的卸载（Unload）事件
Private Sub Form_Unload(Cancel As Integer)
    MsgBox "触发了窗体的 Unload 事件"
End Sub

'改变窗体的位置与大小方法1
Private Sub Command1_Click()
    '利用 Move 方法同时改变位置（Left 为 2000，Top 为 3000）及大小（Width 为 6000，Height 为 4000）
    Me.Move 2000, 3000, 6000, 4000
End Sub

'改变窗体的位置与大小方法2
Private Sub Command2_Click()
    '分别修改窗体的 Height、Width 属性改变大小
    Me.Height = Me.Height + 200
    Me.Width = Me.Width + 200
    '分别修改窗体的 Left 与 Top 属性改变位置
    Me.Left = Me.Left + 300
    Me.Top = Me.Top + 300
End Sub
```

（5）调试并运行程序，最终保存并生成可执行文件。程序开始运行时会自动触发 Load 事件，用鼠标在窗体上单击会触发窗体的 Click 事件，并通过执行相应代码实现删除背景图片，修改背景色与前景色等操作。当单击窗体中的按钮修改窗体时，会触发窗体的 Resize 事件，并改变窗体的大小与位置，最后关闭窗体会触发 Unload 事件。运行时的效果如图 2.2 所示。

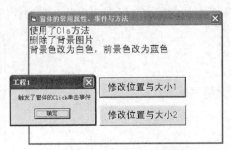

图 2.2   窗体示例程序运行结果

实验 2   命令按钮、标签、文本框

【实验目的】

通过本次实验，掌握 Visual Basic 中对命令按钮、标签、文本框对象的常用属性的设置，及其方法与事件的应用。

【实验要求】

1．掌握 Visual Basic 中按钮、标签、文本框对象的常用属性设置。

2．掌握 Visual Basic 中按钮、标签、文本框对象的典型事件与方法的应用。

【实验内容】

1．分别通过属性窗口与代码方式设置按钮、标签、文本框对象的常用属性。

2．通过示例验证按钮、标签、文本框对象的典型事件与方法的应用。

【实验步骤】

（1）创建实验文件夹，命名为"第 2 章实验 2"，然后启动 Visual Basic，并创建一个标准 EXE 工程。

（2）向窗体上添加一些必要的控件，然后如表 2.2 所示设置窗体及各控件的相关属性。设置完成后的窗体初始状态如图 2.3 所示。

表 2.2   窗体及各控件的初始属性设置

对　　象	属 性 名	属 性 值	说　　明
窗体	Name	Form1	默认值
	Caption	命令按钮、标签与文本框	
标签 1	Name	Label1	默认值
	Caption	第 1 个标签	
	BorderStyle	1-Fixed Single	
标签 2	Name	Label2	默认值
	Caption	第 2 个标签	
	Width	600	
标签 3	Name	Label3	
	Caption	文本框内容	
	Autosize	True	自动调整大小

续表

对　象	属 性 名	属 性 值	说　明
文本框 1	Name	Text1	默认值
	MaxLength	6	允许输入的最大字符数
	PassWordChar	*	设置字符的掩码
文本框 2	Name	Text2	默认值
	MultiLine	True	设置文本框多行显示
	ScrollBars	2	添加垂直滚动条
命令按钮 1	Name	Command1	
	Caption	居中(&C)	
	Style	1-Graphical	
	Picture	CTR.Bmp	在 Visual Studio 安装目录下
	ToolTipText	将标签内容居中对齐	工具提示
命令按钮 2	Name	Command2	
	Caption	左对齐(&L)	
	Style	1-Graphical	
	Picture	LTR.Bmp	在 Visual Studio 安装目录下
	ToolTipText	将标签内容左对齐	
命令按钮 3	Name	Command3	
	Caption	自动设置大小	

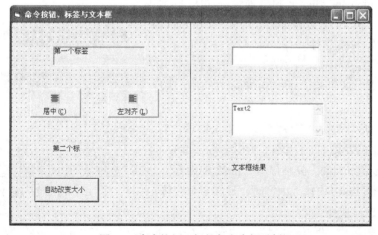

图 2.3　命令按钮、标签与文本框示例

（3）编写代码，演示命令按钮、标签及文本框控件的常用属性、事件及方法。代码如下：

```
Private Sub Command1_Click()
    Label1.Alignment = 2
    Command1.Enabled = False
    Command2.Enabled = True
End Sub

Private Sub Command2_Click()
    Label1.Alignment = 0
```

```
            Command2.Enabled = False
            Command1.Enabled = True
        End Sub

        Private Sub Command3_Click()
            Label2.AutoSize = True
        End Sub

        Private Sub Form_Click()
            Command1.Value = True
            Text1.SetFocus
        End Sub

        Private Sub Text1_LostFocus()
            Label3.Caption = Text1.Text
        End Sub

        Private Sub Text2_LostFocus()
            Label3.Caption = "你从第" & Text2.SelStart _
                & "个字符后开始选取，选定文本的长度是" & _
                Text2.SelLength & ",选定的文本内容是: " & Text2.SelText
        End Sub
```

（4）运行、调试并保存工程。

① 单击 Command1 触发其 Click 事件，此时会将 Label1 的内容设置为居中对齐。同时，将 Command1 的 Enabled 属性设置为 False，使其变为灰色失效，并设置 Command2 的 Enabled 属性为 True。单击 Command2 触发其 Click 事件，会将 Label1 的内容设置为左对齐，并相应修改 Command1 与 Command2 的 Enabled 属性，如图 2.4 所示。

② 按 Alt+C 和 Alt+L 组合键能分别触发 Command1 与 Command2 的 Click 事件。

③ 鼠标在 Command1 上停留一会可以看到"将标签内容左对齐"的提示，这是由 ToolTipText 属性决定的。

④ 窗体最初运行时，不能完整显示 Label2 的内容，单击 Command3 触发其 Click 事件，此时会将 Label2 的 Autosize 属性设置为 True，完整显示 Label2 的内容。

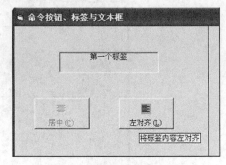

图 2.4　标签与命令按钮示例

⑤ 在文本框 Text1 内输入内容时，最多 6 个字符，输入的内容会被*号遮掩。

⑥ 当焦点离开文本框 Text1 时，会自动将 Text1 的内容在标签 Label3 内显示出来。

⑦ 单击窗体时会将 Command1 的 Value 设置为 True，从而触发 Command1 的 Click 事件；同时会调用 Text1 的 Setfocus 方法，使 Text1 获得焦点。

实验 3　简单 Visual Basic 应用程序创建实例

【实验目的】

通过本次实验，掌握完整的 Visual Basic 应用程序的创建、窗体设计、代码编辑、调试与运行、保存、编译生成可执行文件及打包制作安装盘的过程。

【实验要求】

1. 掌握完整的 Visual Basic 应用程序的制作流程。

2. 了解创建 Visual Basic 应用程序、生成可执行文件、打包制作安装盘的联系与区别。

【实验内容】

设计一个窗体，通过命令按钮控制窗体中标签里内容的显示与隐藏，最终生成可执行文件并打包制作安装盘。

1. 创建实验文件夹，命名为"第 2 章实验 3"；

2. 利用 Visual Basic 创建一个应用程序；

3. 在窗体上添加一个标签 Label1，标题为"Visual Basic 示例"，两个命令按钮，一个名称为 Command1，标题为"隐藏"，另一个名称为 Command2，标题为"显示"，同时将窗体的标题修改为"文字的显示与隐藏"；

4. 编写代码，单击"隐藏"按钮文字被隐藏，单击"显示"按钮隐藏的文字又会被显示出来，单击窗体结束程序；

5. 运行、调试；

6. 保存工程到刚才建立的文件夹内；工程文件名设置为"我的工程.VBP"，工程名设置为"实验 3 工程"，然后在工程中建立窗体文件"我的窗体.FRM"，窗体名设置为"实验 3 窗体"；

7. 生成可执行文件"我的工程.EXE"；

8. 制作程序的安装包。

设计好的程序界面如图 2.5 所示。

【实验步骤】

（1）打开 Windows 资源管理器，创建实验文件夹，命名为"第 2 章实验 3"。

（2）启动 Visual Basic 程序，并创建一个标准 EXE 工程。创建工程文件及窗体文件，并以指定名称进行保存。

（3）在窗体上添加控件和修改控件的属性。

图 2.5　简单的 Visua Basic 程序示例

① 先从工具箱选择需要的控件，然后在窗体上根据需要绘制出相应大小的控件。按此方法依次向窗体添加标签控件 Label1，命令按钮控件 Command1 与 Command2。

② 设置控件对象的属性。根据要求分别设置窗体对象 Form1 的 Caption（标题）属性为"文字的显示与隐藏"，标签对象 Label1 的 Caption 属性为"Visual Basic 示例"，命令按钮对象 Command1 的 Caption 属性为"隐藏"，Command2 的 Caption 属性为"显示"。此时，已得到类似图 2.5 所示的界面。

（4）编写命令按钮 Command1 与 Command2，以及窗体 Form1 的事件过程代码。直接在窗体上双击 Command1 对象，打开代码编辑窗口，同时自动生成了 Command1 对象的单击事件过程（Click）的代码框架，此时可以直接在代码框架内输入代码：

```
Label1.Visible = False
```

其中 Visible 属性用于决定对象是否可见，取值为 True 表示可见，False 表示不可见。

在代码编辑窗口的顶部有两个下拉列表框，左侧一个用于显示要编程的对象，右侧选择对象要响应的事件过程，如图 2.6 所示。

依次选择编程对象为 Command2，响应的事件为 Click，然后在 Command2 的 Click 事件代码框架内输入代码：

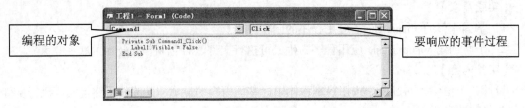

图 2.6　代码编辑窗口中对象与事件下拉列表框

```
Label1.Visible = True
```

用同样的方法选择编程对象为 Form1，响应事件为 Click，在 Form1 的 Click 事件代码框架内输入代码：

```
End
```

如图 2.7 所示。

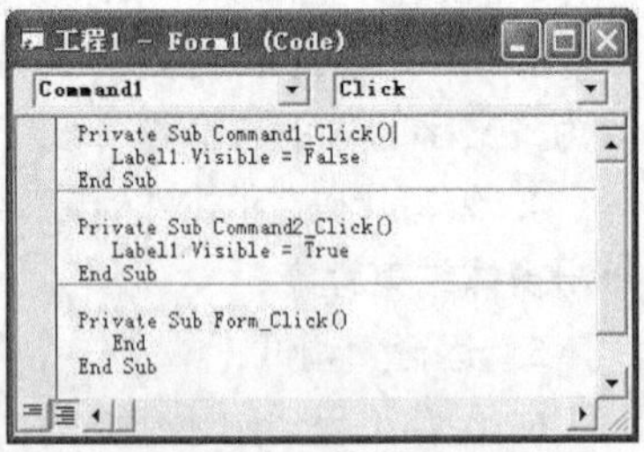

（5）调试、运行程序。

方法一：单击标准工具栏上的"启动"按钮。

方法二：选择"运行"菜单的"启动"命令。

方法三：按 F5 功能键。

当用户单击"隐藏"按钮时，标签被隐藏；当用户单击

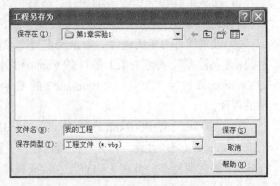

图 2.7　代码编辑窗口

"显示"按钮时，标签又会被显示出来；当用户单击窗体时，程序结束。

此外，还可以通过以下方法终止程序的运行。

方法一：单击工具栏中的"结束"按钮。

方法二：选择"运行"菜单中的"结束"命令。

（6）保存工程。

单击标准工具栏上的"保存工程"按钮即可将当前的工程文件保存。此时弹出"文件另存为"对话框，选择保存位置为"第 2 章实验 3"文件夹，并在"文件名"栏填入"我的窗体"，如图 2.8 所示。单击"保存"按钮，弹出"工程另存为"对话框，在文件名栏内填入"我的工程"，如图 2.9 所示，单击"保存"按钮。

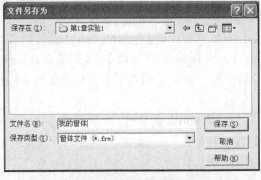

图 2.8　窗体保存对话框

图 2.9　工程保存对话框

（7）修改工程名和窗体名。

在窗口右侧的"工程资源管理器"窗口中选中"工程 1"，然后在下方的属性窗口的"（名称）"栏内，将名称改为"实验 3 工程"，如图 2.10 所示。再选中窗体"Form1"，在属性窗口里将名称

改为"实验 3 窗体"，如图 2.11 所示。

图 2.10　修改工程名

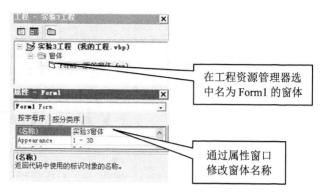

图 2.11　修改窗体名

（8）生成可执行文件。

此时，工程文件无法脱离 Visual Basic 6.0 环境运行。因此，一般还需要生成可执行文件，操作方法是选择"文件"菜单下的"生成我的工程.exe"，系统会弹出"生成工程"对话框，如图 2.12 所示。确定生成的可执行文件的位置和名称后，单击"确定"按钮即可。此时，会得到能在操作系统上单独运行的可执行文件。

（9）打包制作安装盘。

Visual Basic 生成的 EXE 文件在最终运行时，还需要一些基本的动态链接库（DLL 文件）的支持。因此，在发布应用程序时，还需要一同发布其所需的运行库。可以利用 Visual Basic 的应用程序安装向导，将应用程序制作成安装盘再发布。

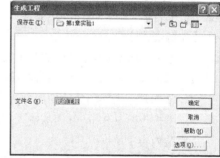

图 2.12　生成可执行文件

单击 Windows 的"开始"按钮，选择"程序→Microsoft Visual Basic 6.0 中文版→Microsoft Visual Basic 6.0 工具→Package & Deployment 向导"菜单命令，如图 2.13 所示，显示如图 2.14 所示的"打包和展开向导"对话框，再单击"浏览"按钮，找到要打包的工程，然后单击"打包"按钮，继续完成向导，即可在指定目录下生成所需的发布文件。

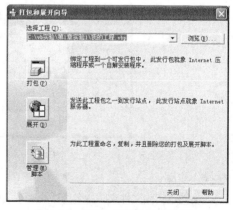

图 2.13　启动打包程序

图 2.14　打包与展开向导对话框

第3章
Visual Basic 语言基础

实验 1　Visual Basic 程序设计的基本概念

【实验目的】

通过本次实验，掌握 Visual Basic 数据类型、表达式以及赋值语句的书写规则，掌握内部函数的使用方法，掌握 Visual Basic 常见的输入/输出方法，能编写简单顺序结构程序。

【实验要求】

1. 掌握 Visual Basic 常用的基本数据类型。
2. 掌握 Visual Basic 表达式与赋值语句的正确书写规则。
3. 掌握常用内部函数的使用方法。
4. 掌握 Visual Basic 常用的输入与输出方法。

【实验内容】

1. 创建 Visual Basic 应用程序求解一元二次方程。
2. 创建 Visual Basic 应用程序实现日期判断。

【实验步骤】

1. 创建 Visual Basic 应用程序求解一元二次方程

程序界面如图 3.1 所示。

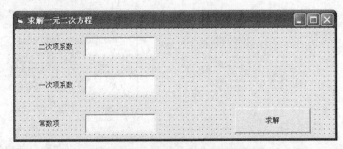

图 3.1　求解一元二次方程程序界面

操作步骤：

（1）创建实验文件夹，命名为"第 3 章实验 1"，然后启动 Visual Basic，并创建一个标准 EXE 工程。

（2）如图 3.1 所示，添加需要的控件，并对其属性进行设置。

（3）双击"求解"按钮，在弹出的代码编辑窗口内针对其 Click 事件编写如下代码：

```
Option Explicit                    '强制类型声明
Private Sub Command1_Click()
    Dim a As Single, b As Single, c As Single
    Dim x1 As Single, x2 As Single
    Dim delta As Single
    Label3.Caption = ""
    a = Text1.Text
    b = Text2.Text
    c = Text3.Text
    delta = b * b - 4 * a * c
    x1 = (-b + Sqr(delta)) / (2 * a)
    x2 = (-b - Sqr(delta)) / (2 * a)
    Label4.Caption = "方程的第一个根是   " & x1 & vbCrLf & "方程的第二个根是   " & x2
End Sub
```

（4）调试运行并保存程序。运行时，分别输入 3 个系数，如 2、6、2，结果如图 3.2 所示，最后生成可执行文件。

图 3.2　求解一元二次方程结果

代码的第一行使用"Option Explicit"语句进行了强制变量声明，要求程序中使用的变量必须"先声明，再使用"。

 本程序的代码演示了对数值型变量的类型声明方法，并通过函数与表达式实现对一元二次方程根的求解。

2. 创建 Visual Basic 应用程序，实现日期判断

程序界面如图 3.3 所示。程序运行时，输入 2012 年的某个日期（按 yyyy-mm-dd 的格式），输出其是 2012 年的第几天，是 2012 年的第几周，以及是本周的第几天（已知 2012-1-1 为星期日，一周第 1 天；注意，星期六为每周第 7 天）。

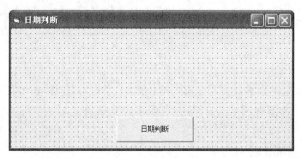

图 3.3　日期判断程序界面

操作步骤：

（1）启动 Visual Basic，并创建一个标准 EXE 工程。

（2）如图 3.3 所示，添加命令按钮控件，并对窗体及命令按钮的属性进行设置。

（3）双击"日期判断"按钮，在弹出的代码编辑窗口内对其 Click 事件编写如下代码：

```
Option Explicit
Private Sub Command1_Click()
    Dim inputStr As String
    Dim inputdate As Date
    Dim jiange As Integer
    Cls
    inputStr = InputBox("请输入需要判断的日期")
    inputdate = CDate(inputStr)
    jiange = inputdate - #1/1/2012#
    Print "输入的日期是" & inputStr
    Print "这一天是 2012 年的第" & jiange+1 & "天"
    Print "这一天是 2012 年第" & jiange \ 7 + 1; "周的第" & jiange Mod 7 + 1 & "天"
End Sub
```

（4）调试运行程序并保存。运行时，单击"日期判断"按钮，会弹出 Inputbox 对话框，如图 3.4 所示。

按给定格式输入正确的日期，例如 2012-9-10。单击"确定"按钮进行日期判断，最终显示结果如图 3.5 所示。

图 3.4　输入日期的对话框

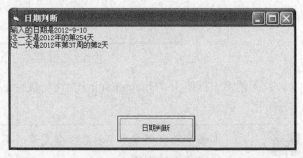

图 3.5　日期判断程序结果

本程序演示了如何利用 InputBox 获得用户输入的字符串；并利用 Cdate 函数实现对日期的转换操作；同时演示了日期型数据与数值型数据进行的各种算术运算操作。

实验 2　选择结构程序设计

【实验目的】

通过本次实验，掌握逻辑表达式的正确书写形式，掌握利用 IF 语句实现单分支、双分支及多分支条件结构的写法，掌握利用 Select Case 实现多分支条件的写法。

【实验要求】

1. 掌握逻辑表达式的正确书写形式。
2. 掌握 IF 语句的语法规则。
3. 掌握利用 IF 语句实现单分支与多分支结构的写法。
4. 掌握利用 Select Case 语句实现多分支结构的写法。

【实验内容】

1. 创建 Visual Basic 应用程序根据输入的三边求三角形面积。

2. 创建 Visual Basic 应用程序判断输入值的奇偶性。

3. 创建 Visual Basic 应用程序判断某年某月的天数。

【实验步骤】

1. 创建 Visual Basic 应用程序，根据输入的三边求三角形面积

由于正确的三角形三边值应满足任意两边之和大于第三边，而用户输入的值有可能是不满足这个条件的，因此需要对用户的输入进行判断。此时，可通过 IF 语句来实现。

程序的初始运行界面如图 3.6 所示。

操作步骤：

（1）创建实验文件夹，命名为"第 3 章实验 2"，然后启动 Visual Basic，并创建一个标准 EXE 工程。

（2）如图 3.6 所示，添加需要的控件，并对其属性进行设置。

（3）双击"计算面积"按钮，在弹出的代码编辑窗口内对其 Click 事件编写如下代码：

```
Option Explicit
Private Sub Command1_Click()
    Dim a As Single, b As Single, c As Single
    Dim area As Single
    Dim s As Single
    a = Val(Text1.Text)
    b = Val(Text2.Text)
    c = Val(Text3.Text)
    If (a + b > c) And (b + c > a) And (a + c > b) Then
        s = (a + b + c) / 2
        area = Sqr(s * (s - a) * (s - b) * (s - c))
        MsgBox "三角形的面积是: " & area
    End If
End Sub
```

（4）调试运行程序并保存，运行时，在文本框内输入三角形的三边，例如 3、4、5，然后单击"计算面积"按钮，可以计算出三角形的面积，弹出新对话框显示出结果，如图 3.7 所示。

图 3.6　求三角形面积的程序界面

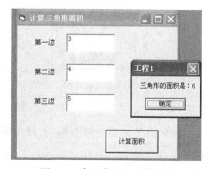

图 3.7　求三角形面积的结果

由于本程序使用了 IF 语句对三角形三边条件进行判断，如果用户输入的三边长不满足"任意两边之和大于第三边"这个条件，判断不进行面积计算，也看不到结果。

说明　本程序演示了如何利用 IF 语句实现单分支的判断操作。

2. 创建 Visual Basic 应用程序，判断考试成绩的等级

本程序需要判断值的奇偶性，意味着程序的输出有两种，需要使用 IF 语句的双分支结构来实现。对于奇偶性的判断可根据"偶数可以被 2 整除，而奇数不可"这个条件来加以实现。

程序的运行界面如图 3.8 所示。

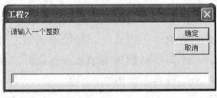

图 3.8   奇偶性判断程序界面

操作步骤：

（1）启动 Visual Basic，并创建一个标准 EXE 工程。

（2）如图 3.8 所示，添加需要的控件，并对其属性进行设置。

（3）双击"奇偶性判断"按钮，在弹出的代码编辑窗口内对 Click 事件编写如下代码：

```
Option Explicit
Private Sub Command1_Click()
    Dim num As Integer
    num = Val(InputBox("请输入一个整数"))
    If num Mod 2 = 0 Then              '判断输入的值是否能被 2 整除
        MsgBox "输入的值" & num & "是一个偶数"
    Else
        MsgBox "输入的值" & num & "是一个奇数"
    End If
End Sub
```

（4）调试运行程序并保存。运行时，单击"奇偶性判断"按钮，会弹出 Inputbox 对话框，可以输入需要判断的值，单击"确定"按钮，程序可以对值的奇偶性进行判断，会有两种形式的输出。例如，分别输入 12 与 13，可以分别看到如图 3.9 与图 3.10 所示的两种结果。

图 3.9   偶数输出   图 3.10   奇数输出

本程序演示了如何利用 IF 语句实现双分支的判断操作。

3. 创建 Visual Basic 应用程序，判断某年某月的天数

本程序运行时，用户输入要判断的月份。月份根据天数不同，可分为大月、小月和 2 月三种。大月指 1、3、5、7、8、10、12 这 7 个月，有 31 天；小月指 4、6、9、11 这 4 个月，有 30 天；而 2 月则需要判断当前是否为闰年，是闰年则 29 天，否则 28 天。本程序将分别采用 If...Then...Elseif 语句和 Select Case 语句两种方法来实现。

程序的运行界面如图 3.11 所示。

操作步骤：

（1）启动 Visual Basic，并创建一个标准 EXE 工程。

（2）如图 3.11 所示，添加需要的控件，并对其属性进行设置。

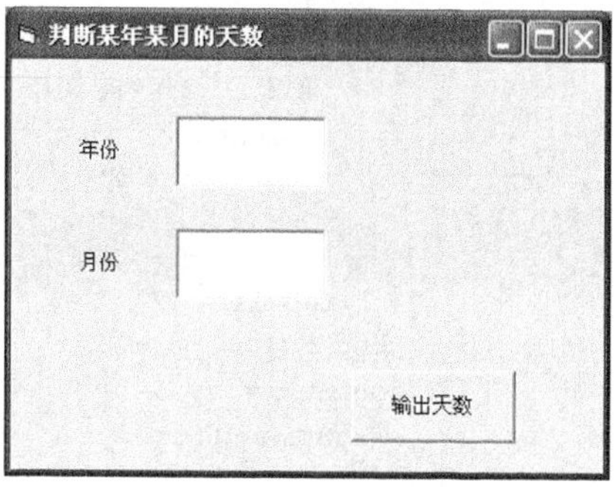

（3）双击"输出天数"按钮，在弹出的代码编辑窗口内对 Click 事件编写代码。

图 3.11 判断指定年月的天数

方法一：通过 If…Then…Elseif…语句实现。

```
Option Explicit
Private Sub Command1_Click()
    Dim yy As Integer, mm As Integer, dd As Integer
    Dim leapyear As Boolean
    Dim outStr As String
    yy = Val(Text1.Text)
    mm = Val(Text2.Text)
    '判断输入的年份是否代表闰年
    If (yy Mod 4 = 0 And yy Mod 100 <> 0) Or (yy Mod 400 = 0) Then
        leapyear = True
    Else
        leapyear = False
    End If
    If mm = 1 Or mm = 3 Or mm = 5 Or mm = 7 Or mm = 8 Or mm = 10 Or mm = 12 Then
        dd = 31
    ElseIf mm = 4 Or mm = 6 Or mm = 9 Or mm = 11 Then
        dd = 30
    ElseIf mm = 2 Then
        '嵌套 IF 语句判断闰年
        If leapyear Then
            dd = 29
        Else
            dd = 28
        End If
    End If
    outStr = yy & "年" & mm & "月一共有" & dd & "天"
    MsgBox outStr
End Sub
```

方法二：通过 Select Case 语句实现。

```
Private Sub Command1_Click()
    Dim yy As Integer, mm As Integer, dd As Integer
    Dim leapyear As Boolean
    Dim outStr As String
    yy = Val(Text1.Text)
    mm = Val(Text2.Text)
    '判断输入的年份是否代表闰年
    If(yy Mod 4 = 0 And yy Mod 100 <> 0) Or (yy Mod 400 = 0) Then
        leapyear = True
    Else
        leapyear = False
    End If
    Select Case mm
    Case 1, 3, 5, 7, 8, 10, 12
        dd = 31
    Case 4, 6, 9, 11
```

```
            dd = 30
        Case 2
            '嵌套 IF 语句判断闰年
            If leapyear Then
                    dd = 29
            Else
                    dd = 28
            End If
    End Select
    outStr = yy & "年" & mm & "月一共有" & dd & "天"
    MsgBox outStr
End Sub
```

（4）调试运行程序并保存。运行时，输入年份与月份后，单击"输出天数"按钮，会首先根据月份进行判断。如果是大月或小月，则直接求出相应的天数；如果是 2 月，还需要判断年份是否闰年，得到相应的天数，最后输出相应的结果，如图 3.12 所示。

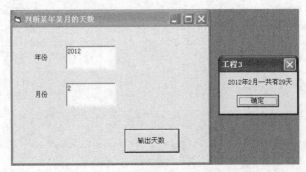

图 3.12　判断天数的输出结果

本程序演示了如何利用 If…Then…Elseif…及 Select Case 语句实现多分支结构的方法。

实验 3　循环结构程序设计

【实验目的】

通过本次实验，掌握各种循环语句的语法结构，掌握利用循环结构来实现常用算法。

【实验要求】

1．掌握 For…Next 语句、Do…Loop 语句的语法结构。

2．掌握利用循环结构实现常用算法的方法。

【实验内容】

1．创建 Visual Basic 应用程序，实现求和运算。

2．创建 Visual Basic 应用程序，输出所有的水仙花数。

3．创建 Visual Basic 应用程序，打印输出指定图形。

【实验步骤】

1．创建 Visual Basic 应用程序，实现求和运算

要求用泰勒级数计算 $e = 1+1/1!+1/2!+1/3!+…$，直到最后一项的值小于 10^{-5} 时结束。

本题是一个典型的求和运算。每一个求和项可以表示为 $1/i!$。由于求和总项数未知，所以本程序不能使用 For…Next 结构，将采用 Do…Loop 结构来实现。

操作步骤：

（1）创建实验文件夹，命名为"第 3 章实验 3"，然后启动 Visual Basic，并创建一个标准 EXE 工程。

（2）如图 3.13 所示，添加必要控件，并对其属性进行设置。

（3）双击"计算"按钮，在弹出的代码编辑窗口内针对其 Click 事件编写如下代码：

```
Option Explicit              '强制类型声明
Private Sub Command1_Click()
   Dim f As Single, y As Single, i As Single
   f = 1
   y = 1
   i = 1
   Do
       y = y / i                '求出每一项的表达式值
       f = f + y                '求出累加和
       i = i + 1                '实现每一项的分母自动加 1
   Loop Until y < 10 ^ -5       '直到最后一项小于 10⁻⁵ 时结束
   Print f
End Sub
```

（4）调试运行并保存程序。运行时，单击"计算"按钮，将计算得到 e 的值，并在屏幕上打印出来，如图 3.13 所示。

说明　本程序演示了如何使用后置型 Do…Loop 语句实现对未知次数的循环结构。

2. 创建 Visual Basic 应用程序，输出所有的水仙花数

本题是一个典型的穷举加判断的算法示例。水仙花数是三位数，其值与每一位三次方的和是相等的。需要穷举所有的三位数（从 100 到 999），然后逐个进行判断，看其是否满足水仙花数的条件，满足则打印输出。由于循环次数是已知的，所以使用 For…Next 结构更为简单。

操作步骤：

（1）启动 Visual Basic，并创建一个标准 EXE 工程。

（2）如图 3.14 所示，添加必要控件，并对其属性进行设置。

（3）双击"显示水仙花数"按钮，在弹出的代码编辑窗口内针对其 Click 事件编写如下代码：

```
Option Explicit                '强制类型声明
Private Sub Command1_Click()
   Dim n As Integer
   Dim ge As Integer, shi As Integer, bai As Integer
   Print "水仙花数包括: "
   For n = 100 To 999
```

图 3.13　用泰勒级数求 e 的值

图 3.14　显示所有水仙花数

```
        ge = n Mod 10                          '计算三位数 n 的个位
        shi = (n Mod 100) \ 10                 '计算三位数 n 的十位
        bai = n \ 100                          '计算三位数 n 的百位
        If n = ge ^ 3 + shi ^ 3 + bai ^ 3 Then
            Print n
        End If
    Next n
End Sub
```

（4）调试运行并保存程序。运行时，单击"计算"按钮，屏幕显示如图 3.14 所示。

 本程序演示了如何使用 For...Next 语句实现穷举加判断的算法结构。

3. 创建一个 Visual Basic 应用程序，打印输出指定的图形。

具体要求打印的图形如图 3.15 所示。

操作步骤：

（1）启动 Visual Basic，并创建一个标准 EXE 工程。

（2）如图 3.15 所示，添加必要控件，并对其属性进行设置。

（3）双击"显示图形"按钮，在弹出的代码编辑窗口内对其 Click 事件编写如下代码：

图 3.15 要求打印的字母三角形

```
Option Explicit                   '强制类型声明
Private Sub Command1_Click()
  Dim i As Integer, j As Integer
  Cls
  Print
  For i = 1 To 10
    Print Tab(20 - i);
    For j = 1 To i
      Print Chr(64 + j);
    Next j
    For j = i - 1 To 1 Step -1
      Print Chr(64 + j);
    Next j
    Print
  Next i
End Sub
```

（4）调试运行并保存程序。运行时，单击"显示图形"按钮，屏幕显示如图 3.15 所示。

 本程序演示了如何使用嵌套循环结构实现双重循环的操作。

实验 4　Visual Basic 6.0 中过程的应用

【实验目的】

通过本次实验，掌握 Visual Basic 6.0 中通用过程的定义和调用方法，以及数据传递的方式；

递归的概念和使用方法。

【实验要求】

1. 掌握 Visual Basic 6.0 中 Sub 过程和 Function 过程的应用。
2. 掌握 Visual Basic 6.0 过程调用中的数据传递。
3. 掌握递归的概念和使用方法。

【实验内容】

1. 利用 Sub 过程和 Function 过程解决求最大公约数和最小公倍数的问题。
2. 通过简单的实例观察 Visual Basic 6.0 过程调用中的数据传递。
3. 用递归的方法解决"求年龄"问题。

【实验步骤】

1. Visual Basic 6.0 中 Sub 过程和 Function 过程的应用

在 Visual Basic 6.0 中，根据过程是否返回值，通用过程又分为 Sub 过程和 Function 过程。在本实验中，分别使用 Sub 过程和 Function 过程来求解最大公约数和最小公倍数的问题。

操作步骤：

（1）在 C 盘根目录下创建"第 3 章实验 4"文件夹。

（2）在文件夹中建立一个工程文件"实验 4 工程 1.VBP"，并在工程中建立窗体文件"实验 4 窗体 1.FRM"。

（3）在窗体上添加两个命令按钮 Command1、Command2，将它们的 Caption 属性设置为"Sub 过程"、"Function 过程"，将窗体的 Caption 属性设置为"求最大公约数和最小公倍数"，效果如图 3.16 所示。

图 3.16　窗体界面

（4）编写代码如下（实验时单引号开始的注释语句可以不输入）：

```
'利用 Sub 过程解决求最大公约数和最小公倍数的问题
Option Explicit
Private Sub SS1(m, n)
    Dim ys
    ys = m Mod n                '求余数
    While ys <> 0               '当余数不等于 0 时，循环求下一次的余数
     n = ys
     ys = m Mod n
    Wend                        '循环结束时，余数=0
End Sub
'调用 Sub 过程
Private Sub Command1_Click()
    Dim x1, x2, x3, gY, gb
    Dim str1$
    x1 = Val(InputBox("请输入第一个正整数：", "输入对话框"))
```

```
    x2 = Val(InputBox("请输入第二个正整数：", "输入对话框"))
    strl = "Sub 过程：" & vbCrLf & Space(10) & "正整数" & x1 & "和" & x2 & vbCrLf
    gb = x1 * x2
    Call SS1(x1, x2)
    gY = x2
    gb = gb / gY
'用 strl 表示消息对话框中的第一行提示字符串
    MsgBox strl & "最大公约数是：" & gY & "    最小公倍数是：" & gb
End Sub
'利用 Function 过程解决求最大公约数和最小公倍数的问题
Public Function SS2(m, n)
    Dim ys
    ys = m Mod n                          '求余数
    While ys <> 0                         '当余数不等于 0 时，循环求下一次的余数
        m = n
        n = ys
        ys = m Mod n
    Wend                                  '循环结束时，余数=0
    SS2 = n
End Function
'调用 Function 过程
Private Sub Command2_Click()
    Dim x1, x2, x3, gY, gb
    Dim strl$
    x1 = Val(InputBox("请输入第一个正整数：", "输入对话框"))
    x2 = Val(InputBox("请输入第二个正整数：", "输入对话框"))
    strl = "Function 过程：" & vbCrLf & Space(10) & "正整数" & x1 & "和" & x2 & vbCrLf
    gb = x1 * x2
    gY = SS2(x1, x2)
'用 strl 表示消息对话框中的第一行提示字符串
    MsgBox strl & "最大公约数是：" & gY & "    最小公倍数是：" & gb
End Sub
```

（5）运行、调试并保存工程。启动窗体，单击"命令"按钮，就会弹出输入对话框，在其中输入第 1 个数 63，第 2 个数 28，就会得到上一个实验中同样的结果，如图 3.17 所示。

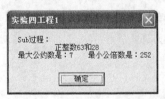 

图 3.17　运行结果

通过此例可以看出，所谓过程不过是一个实现一定功能的程序段。使用过程要解决两个问题，一是根据算法建立过程，这里的算法是求解最大公约数和最小公倍数的辗转相除法；二是通过参数的传递来调用过程，此例中是在 Commandl 的 Click 事件，利用 xl、x2 和 m、n 传递参数来调用 Sub 过程，在 Command2 的 Click 事件，利用 xl、x2 和函数名 SS2、m、n 传递参数调用 Function 过程。有关参数传递，通过下面的实验来研究。

2．通过简单的实例观察 Visual Basic 6.0 过程调用中的数据传递

（1）形式参数与实在参数。

形式参数（简称形参）：出现在 Sub 语句和 Function 语句中的参数。

实在参数（简称实参）：调用 Sub 过程和 Function 过程所使用的参数。

（2）参数传递方式：参数传递有按值传递方式（传值）、按址传递方式（传址）和命名传递方式等。一般的规律如下：

① 常量或表达式默认采用按值传递方式，实参值保持不变；

② 变量默认按址传递方式，实参值是形参返回的值；

③ Sub 过程中形参变量前加 ByVal，或者在调用过程的语句的实参变量中加()来实现按值传递。ByRef 实现按址传递通常省略；

④ 命名传递将实参传递给指定的形参。

操作步骤：

（1）在"第 3 章实验 4"的文件夹中建立工程文件"实验 4 工程 2.VBP"，并在工程中建立窗体文件"实验 4 窗体 2.FRM"。

（2）在窗体上添加 4 个命令按钮 Command1、Command2、Command3、Command4，将它们的 Caption 属性设置为"常数或表达式按值传递"、"变量按地址传递"、"Sub 变量前加 ByVal 或在调用语句中加()按值传递"、"命名传递"，将窗体的 Caption 属性设置为"参数传涕"，效果如图 3.18 所示。

图 3.18　参数传递窗体界面

（3）编写代码如下：

```
Option Explicit
'常数或表达式按值传递
Private Sub Command1_Click()
Cls
Const a% = 1
Print
Print "a是常量,a = 1"
Print "传递前的实参 a = " & a, "传递前的实参: "; 2, "传递前的实参 3 * a = "; 3 * a
Call SY1(a, 2, 3 * a)
Print "传递后的实参 a = " & a, "传递后的实参: "; 2, "传递后的实参 3 * a = "; 3 * a
End Sub
'变量按地址传递
Private Sub Command2_Click()
Cls
Dim a%, b%, c%
a = 1: b = 2: c = 3
Print
Print "传递前的实参 a = " & a, "传递前的实参 b = " & b, "传递前的实参 c = " & c
Call SY1(a, b, c)
Print "传递后的实参 a=" & a, "传递后的实参 b=" & b, "传递后的实参 c = " & c
End Sub
```

27

```
'Sub 变量前加 ByVal 或在调用语句中加()按值传递
Private Sub Command3_Click()
Cls
Dim a%, b%, c%
a = 1: b = 2: c = 3
Print
Print "传递前的实参 a =" & a, "传递前的实参 b = " & b, "传递前的实参 c = " & c
Call SY2(a, (b), c)
Print "传递后的实参 a = " & a, "传递后的实参 b = " & b, "传递后的实参 c = " & c
End Sub
'命名传递
Private Sub Command4_Click()
Cls
Dim a%, b%, c%
a = 1: b = 2: c = 3
Print
Print "传递前的实参 a = " & a, "传递前的实参 b = " & b, "传递前的实参 c = " & c
Call SY1(Y:=a, X:=b, z:=c)
Print "传递后的实参 a = " & a, "传递后的实参 b = " & b, "传递后的实参 c = " & c
End Sub
'默认 Sub 过程按地址传递
Private Sub SY1(X, Y, z)
Print "运算前的形参 x = " & X, "运算前的形参 y = " & Y, "运算前的形参 z = " & z
X = 2 * X
Y = 2 * Y
z = 2 * z
Print "运算语句 x = 2 * x,y = 2 * y,z = 2 *z"
Print "运算后的形参 x = " & X, "运算后的形参 y = " & Y, "运算后的形参 z = " & z
End Sub
'x 前加 ByVal 按值传递
Private Sub SY2(ByVal X, Y, z)
Print "运算前的形参 x = " & X, "运算前的形参 y = " & Y, "运算前的形参 z = " & z
X = 2 * X
Y = 2 * Y
z = 2 * z
Print "运算语句 x = 2 * x,y = 2 * y,z = 2 * z"
Print "运算后的形参 x = " & X, "运算后的形参 y = " & Y, "运算后的形参 z = " & z
End Sub
```

（4）运行、调试并保存工程。启动窗体，单击"常数或表达式按值传递"命令按钮，界面如图 3.19 所示。说明实参 a、2、3*a 没有变化。

图 3.19　常数或表达式按值传递

单击"变量按地址传递"命令按钮，界面如图 3.20 所示，说明实参 a、b、c 传给形参 x、y、

z 后，经过运算又返回了，从而改变了实参的值。

图 3.20　变量按地址传递

单击"Sub 变量前加 ByVal 或在调用语句中加()按值传递"命令按钮，界面如图 3.21 所示，说明实参 a、b、c 传给形参 x、y、z 后，经过运算 a、b 没有返回，c 返回了，从而改变了实参 c 的值。

图 3.21　Sub 变量前加 ByVal 或在调用语句中加( )按值传递

单击"命名传递"命令按钮，界面如图 3.22 所示，说明实参 a 传给形参 y、实参 b 传给形参 x、实参 c 传给形参 z 后，经过运算，形参 y 传给实参 a、形参 x 传给实参 b、形参 z 传给实参 c。

图 3.22　命名传递

3. 用递归的方法解决"求年龄"问题

问题：有 15 个人坐在一起，问第 15 个人多少岁，他说比第 14 个人大 2 岁；问第 14 个人的岁数，他说比第 13 个人大 2 岁；问第 13 个人的岁数，他说比第 12 个人大 2 岁；最后问第 1 个人多少岁，他说是 8 岁。请问第 15 个人有多大岁数。

所谓"递归"就是用自身的结构来描述自身。构成递归的条件有两个：一是递归结束条件及结束时的值，二是能构成递归形式表示，并且递归向终止条件发展。本题可用下式表示：

$$age(n) = \begin{cases} 8 & (n=1) \\ age(n-1)+2 & (n>1) \end{cases}$$

可见，当 $n>1$ 时，求第 n 个人的年龄公式是相同的，递归过程的结束条件是 $n=1$，可用一个递归函数或递归子程序来解决上述递归问题。

操作步骤：

（1）在"第3章实验4"的文件夹中建立工程文件"实验4工程3.VBP"，并在工程中建立窗体文件"实验4窗体3.FRM"。

（2）在窗体上添加两个命令按钮 Command1、Command2，将它们的 Caption 属性设置分别为"递归子过程"、"递归函数"，将窗体的 Caption 属性设置为"递归的应用"，效果如图3.23所示。

（3）编写代码如下：

```
'定义递归子过程
Private Sub age2(age%, n%)
If n=1 Then
age = 8
Else
Call age2(age, n - 1)
age = age + 2
End If
End Sub
'调用递归子过程
Private Sub Command1_Click()
Dim x%
Call age2(x, 15)
Print "第15个人的年龄是："& x
End Sub
'定义递归函数
Private Function age1(n%)
If n = 1 Then
Age1 = 8
Else
age1 = age1(n - 1) + 2
End If
End Function
'调用递归函数
Private Sub Command2_Click()
Print "第15个人的年龄是："& age1(15)
End Sub
```

图 3.23　窗体界面

（4）运行、调试并保存工程。启动窗体，分别单击"递归子过程"命令按钮和"递归函数"命令按钮，将会显示计算结果。该实例使用了两种不同的方法来实现递归调用，要仔细比较这两种方法的区别。

【思考与练习】

1. 子程序过程与函数过程有什么区别？

2. 参数传递有哪几种方式？

3. 递归调用需要满足什么条件，如何实现？

4. 分别使用 Sub 过程和 Function 过程来求解下面同一个问题：

验证歌德巴赫猜想：一个不小于6的偶数可以表示为两个素数之和。

提示：这个问题的关键是素数的判断。对于一个偶数 N 来说，必须先确定前一个素数 X（需要判断），再判断（$N-X$）是否是素数；若（$N-X$）不是素数，则重新求下一个素数 X，如此反复，直到后者也是素数。

5. 用递归过程计算组合。

提示：当 $m<2n$ 时，利用组合公式 $C_m^n = C_m^{m-n}$；计算组合利用 $C_m^n = C_{m-1}^{n-1} + C_{m-1}^n$ 公式，不断递归执行，直到满足条件 $C_m^0 = 1 \cdots$ 和 $C_m^1 = m$ 为止。

第4章
数组

实验　数组的应用

【实验目的】

通过本次实验，掌握 Visual Basic 数组的基本操作和应用方法，了解控件数组的概念与使用方法。

【实验要求】

1. 掌握 Visual Basic 数组的基本概念；
2. 掌握 Visual Basic 数组的基本操作和应用方法；
3. 掌握控件数组的概念及使用方法。

【实验内容】

1. 创建 Visual Basic 应用程序，求一组数据中的最大值；
2. 创建 Visual Basic 应用程序，实现矩阵的相关运算；
3. 创建 Visual Basic 应用程序，实现简单计算器。

【实验步骤】

1. 创建 Visual Basic 应用程序，求一组数据的最大值

要求设计一个窗体，用户输入 n 的值，随机产生 n 个 $1\sim100$ 的正整数，输出这些数并求它们的最大值。

生成随机正整数的个数是由用户输入的，所以数组的大小未知，因此存放随机数需要使用动态数组。实现本题时，先由用户确定数组的大小 n，经过 n 次循环，通过随机函数为每个数组元素赋初值。在生成数据的同时，进行最大值判断并记录。

操作步骤：

（1）创建实验文件夹，命名为"第4章实验1"，然后启动 Visual Basic，并创建一个标准 EXE 工程。

（2）如图 4.1 所示，添加必要的控件，并对其属性进行设置；

（3）双击"确定"按钮，在弹出的代码编辑窗口内针对其 Click 事件编写如下代码：

```
Option Explicit                    '强制类型声明
Private Sub Command1_Click()
    Dim a() As Integer             '声明动态数组
    Dim n As Integer, m As Integer, i As Integer
    Dim s As String
```

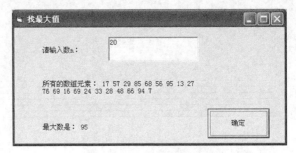

图 4.1　找最大值程序界面

```
n = Val(Text1.Text)
ReDim a(n)                                   '重新定义数组的长度
Randomize
For i = 0 To n - 1
    a(i) = Int(Rnd * 100) + 1                '生成 1~100 的随机数并赋值给 a(i)
Next i
s = Str(a(0))
m = a(0)
For i = 1 To n - 1
  If m < a(i) Then m = a(i)
  s = s + Str(a(i))
Next i
Label2.Caption = "所有的数组元素: " + s
Label3.Caption = "最大数是: " + Str(m)
End Sub
```

（4）调试运行并保存程序。运行时，先在文本框内输入要生成的数的个数，然后单击"确定"按钮，会生成指定个数的数据，在 label2 标签内显示出来，并找出其中的最大值，在 label3 标签内显示出来。

本程序演示了动态数组的定义与使用，并演示了如何在一维数组中查找最大值的算法。

2. 创建 Visual Basic 应用程序，实现矩阵的相关运算

要求随机生成一个 6×6 的矩阵，求全部元素的平均值，并输出大于平均值的所有元素及其行列号。

使用二维数组存储 6×6 的矩阵。遍历整个数组，可以访问数组中全部元素，并进行求和操作，从而计算平均值。再次遍历数组，可以输出全部大于平均值的元素及其行列号。

操作步骤：

（1）启动 Visual Basic，并创建一个标准 EXE 工程。

（2）根据要求设置窗体，添加必要的控件，并对其属性进行设置。

（3）直接在窗体上右击选择"查看代码"，进入代码编辑窗口。首先定义两个全局变量，一个 6×6 的二维数组和一个最多包含 36 个元素的一维数组。

```
Dim a(6,6) as integer
Dim b(36) as integer
```

（4）切换到 Command1（生成矩阵按钮）的 Click 事件代码窗口，输入以下代码：

```
Private Sub Command1_Click()
    Dim i As Integer, j As Integer
    Dim t As Integer, x As Integer
    Dim yes As Boolean
    Cls
```

```
    For i = 1 To 36          '通过 For 循环生成 36 个不等的随机数存入 b 数组
                             '通过 Do…loop 循环判断新生成的元素与数组中已有元素是否相等，若相等
                                则再次生成直到不等为止
        Do
        x = Int(Rnd * 100) + 1
        yes = False
        For j = 1 To i - 1
          If x = b(j) Then yes = True: Exit For
        Next j
        Loop While yes
        b(i) = x
    Next i
    t = 0
    For i = 1 To 6              '通过二重循环将刚才得到的 36 个随机数存入矩阵
      For j = 1 To 6
          t = t + 1
          a(i, j) = b(t)
      Next j
    Next i
    Form1.CurrentY = 100
    Print Tab(5); "本次产生的矩阵为："
    Print
    For i = 1 To 6              '在屏幕按 6*6 的形式打印输出矩阵
      For j = 1 To 6
        Print Format(a(i, j), "@@@@@@@");
      Next j
      Print
    Next i
End Sub
```

（5）切换到 Command2（开始计算按钮）的 Click 事件代码窗口中，输入以下代码：

```
Private Sub Command2_Click()
    Dim sum As Integer, aver As Single
    Dim str As String
    Dim i As Integer, j As Integer
    For i = 1 To 6              '通过二重循环遍历整个数组，并求和
      For j = 1 To 6
        sum = sum + a(i, j)
      Next j
    Next i
    aver = sum / 36          '计算平均值
    Text1.Text = aver
    For i = 1 To 6              '再次遍历整个数组，找出大于平均值的数并输出
      For j = 1 To 6
        If a(i, j) > aver Then
            str = str & "a(" & i & "," & j & ")=" & a(i, j) & Space(3)
        End If
      Next j
    Next i
    MsgBox str, 0, "大于平均值的元素分别是："
End Sub
```

（6）调试运行并保存程序。运行时，首先单击"生成矩阵"按钮，会生成一个由 36 个完全不同的随机数构成的 6×6 的矩阵并在屏幕上打印输出，如图 4.2 所示。

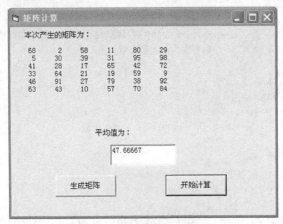

图 4.2　矩阵计算程序的界面

　　然后单击"开始计算"按钮，会计算出全部元素的平均值，在平均值文本框内显示出来，并弹出对话框显示所有大于平均值的元素及其行列号，如图 4.3 所示。

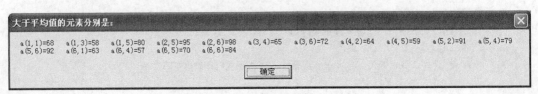

图 4.3　输出大于平均值的元素及其行列号

　　本程序演示了二维数组的定义与使用。由于在两个按钮的 Click 事件过程中都需要访问数组，所以将数组放在所有过程外，作为全局变量声明。

3. 创建 Visual Basic 应用程序，实现简单计算器（见图 4.4）

操作步骤：

（1）启动 Visual Basic，并创建一个标准 EXE 工程。

（2）在窗体上添加一个文本框和一个命令按钮数组 Command1，其中包括 11 个元素 Command1(0)～Command1(10)，一个命令按钮数组 Command2，其中包括 4 个元素 Command2(0)、Command2(1)、Command2(2)、Command2(3)，2 个命令按钮 Command3、Command4，其界面如图 4.4 所示。在窗体上如表 4.1 所示设置对象的属性。这里控件数组可以用下面的方法创建：首先创

图 4.4　简单计算器

建 Command1，按照属性表设好属性，便创建了第一个元素 Command1(0)，然后利用"复制"、"粘贴"的方法创建其他元素 Command1(1)～Command1(10)。

（3）在窗体上右击选择"代码"，切换到代码编写窗口，输入以下代码：

```
Dim X As Single, Y As Single, FH As String
'Command1 控件数组的单击事件代码（包括对 0~9 及小数点的操作）
Private Sub Command1_Click(Index As Integer)
Dim K As Integer
K = Command1(Index).Index
```

```
If K <> 10 Then
    If Right(Text1.Text, 1) = "." Then
        Text1.Text = Text1.Text & K
    ElseIf Int(Val(Text1.Text)) = Val(Text1.Text) And Right(Text1.Text, 1) <> "." Then
        Text1.Text = Val(Text1.Text) * 10 + K
    ElseIf Int(Val(Text1.Text)) <> Val(Text1.Text) And Right(Text1.Text, 1) <> "." Then
        Text1.Text = Text1.Text & K
    End If
Else
    Text1.Text = Text1.Text & "."
End If
If FH = "" Then
X = Val(Text1.Text)
Else
Y = Val(Text1.Text)
End If
End Sub
'Command2 控件数组的单击事件代码（包括对+、-、*、\四种运算的实现）
Private Sub Command2_Click(Index As Integer)
Dim K1 As Integer
K1 = Command2(Index).Index
Text1.Text = ""
    If Command2(K1).Caption = "+" Then
        FH = "+"
    ElseIf Command2(K1).Caption = "-" Then
        FH = "-"
    ElseIf Command2(K1).Caption = "*" Then
        FH = "*"
    ElseIf Command2(K1).Caption = "/" Then
        FH = "/"
    End If
End Sub
'Command3 命令按钮的代码，实现单击等号时的操作
Private Sub Command3_Click()
If X <> 0 And Y <> 0 Then
    If FH = "+" Then
        Text1.Text = X + Y
    ElseIf FH = "-" Then
        Text1.Text = X - Y
    ElseIf FH = "*" Then
        Text1.Text = X * Y
    ElseIf FH = "/" Then
        If Y = 0 Then
        MsgBox "除数不能为0", 16, "错误！"
        Exit Sub
        End If
        Text1.Text = X / Y
    End If
    X = Val(Text1.Text)
Else
    MsgBox "操作数不足！", 16, "错误！"
End If
End Sub
'Command4 命令按钮的代码，实现单击C按钮（取消）时操作
Private Sub Command4_Click()
```

```
Text1.Text = "": X = 0: Y = 0: FH = ""
End Sub
'窗体装载时的初始化操作
Private Sub Form_Load()
Text1.Text = "": X = 0: Y = 0: FH = ""
End Sub
```

表 4.1　　　　　　　　　　　　　　　　设置窗体、控件的属性

对象	属性	属性值	说明	对象	属性	属性值	说明
窗体	名称	Form1		命令按钮 8	Caption	8	
	Caption	简单计算器			Index	8	
文本框 1	名称	Textl	默认值	命令按钮 9	Caption	9	
	Text	空	文本框内容为空		Index	9	
	Enabled	False	用户无法从键盘输入	命令按钮 10	Caption	.	
					Index	10	
命令按钮 0	名称	Command1	默认值	命令按钮 11	名称	Command2	默认值
	Caption	0			Caption	+	
	Height	375			Height	375	
	Width	420			Width	420	
	Index	0			Index	0	
命令按钮 1	Caption	1		命令按钮 12	Caption	−	
	Index	1			Index	1	
命令按钮 2	Caption	2		命令按钮 13	Caption	*	
	Index	2			Index	2	
命令按钮 3	Caption	3		命令按钮 14	Caption	/	
	Index	3			Index	3	
命令按钮 4	Caption	4		命令按钮 15	名称	Command3	默认值
	Index	4			Caption	=	
命令按钮 5	Caption	5			Height	375	
	Index	5			Width	420	
命令按钮 6	Caption	6		命令按钮 16	名称	Command4	默认值
	Index	6			Caption	C	
命令按钮 7	Caption	7			Height	375	
	Index	7			Width	420	

第5章
用户界面设计

实验 1　Visual Basic 6.0 中单选按钮、复选按钮、框架和计时器控件的应用

【实验目的】

通过本次实验，掌握 Visual Basic 6.0 中单选按钮、复选框的主要属性和事件的用法，掌握框架的主要属性，掌握计时器控件的常用属性和事件的应用。

【实验要求】

1. 掌握 Visual Basic 6.0 中单选按钮（OptionButton）的主要属性和 Click 事件的应用；
2. 掌握 Visual Basic 6.0 中复选按钮（CheckBox）的主要属性和 Click 事件的应用；
3. 掌握 Visual Basic 6.0 中框架（Frame）的主要属性的应用；
4. 掌握 Visual Basic 6.0 中计时器（timer）控件的主要属性与事件的应用。

【实验内容】

1. 通过编写毕业生登记表的程序，学习单选按钮、复选按钮、框架的主要属性和事件；
2. 通过编写一个闪烁文字程序，学习计时器控件的主要属性与事件的应用。

【实验步骤】

1. 通过编写毕业生登记表的程序，学习单选按钮、复选按钮、框架的主要属性和事件

单选按钮的常用属性如下。

Caption：设置按钮上的标题文字。

Value：值为 True 时，表示该按钮被选中；值为 False 时，表示该按钮未被选中。在任一时刻，一组单选按钮只能有一个被选中。

单选按钮的常用事件是 Click 事件。当用户单击某一单选按钮时，该按钮的 Value 属性值为 True，同时触发它的 Click 事件。

复选框的常用属性如下。

Caption：设置复选框的标题文字。

Value：值为 1 时，表示该复选框被选中；值为 0 时，表示该复选框未被选中；值为 2 时，表示该复选框不可用。在一组复选框中，可以使多个复选框处于选中状态。

复选框也支持 Click 事件。单击某一复选框，就会触发它的 Click 事件。这时它的 Value 值可

能是 1，也可能是 0，需要进行判断才能确定，这一点与单选按钮不同。

框架的主要作用是把其他控件组织在一起，形成控件组，方法是首先绘制框架，然后在框架中绘制其他控件。

框架的主要属性是 Caption，用来定义框架标题。

操作步骤：

（1）在 C 盘根目录下创建"第 5 章实验一"文件夹。

（2）在文件夹中建立工程文件"实验一工程 1.VBP"，并在工程中建立窗体文件"实验一窗体 1.FRM"。

（3）在窗体上添加 4 个标签、5 个文本框、2 个框架、2 个单选按钮、3 个复选框和 2 个命令按钮，其界面如图 5.1 所示；在窗体上按照表 5.1 所示，设置对象的属性。

设置属性后的窗体外观如图 5.2 所示。

表 5.1　　　　　　　　　　　　　　设置对象的属性

对象（名称）	属性	属性值	说　明	对象（名称）	属性	属性值	说　明
Form1	Caption	毕业生登记表	设置标题文字	Frame1	Caption	性别	框架标题
Label1	Caption	姓名		Frame2	Caption	在校表现	
Label2	Caption	年龄		Option1	Caption	男	
Label3	Caption	民族			Value	True	设为选中按钮
Label4	Caption	身份证号码		Option2	Caption	女	设置标题文字
Text1	Text	空	文本框内容为空	Check1	Caption	是否获得奖学金	
Text2	Text	空		Check2	Caption	是否三好学生	
Text3	Text	空		Check3	Caption	是否学生干部	
Text4	Text	空		Command1	Caption	确认（&Y）	定义热键 Y
Text5	Text	空		Command2	Caption	清除（&C）	定义热键 C
	MultiLine	True	允许多行显示				

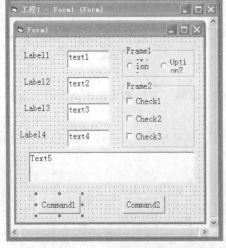

图 5.1　窗体界面的初步外观

图 5.2　设置属性后的窗体

（4）编写代码如下：

'Command1 按钮用于确认用户的输入，它的 Click 事件代码如下：

```
Private Sub Commandl _Click()
    Text5. Text = "姓名: "& Text1.Text & vbCrLf' 回车换行
'将 Text1 的内容添加到列表框，作为第一个数据项
    Text5. Text = Text5. Text + "年龄: "& Text2. Text & vbCrLf
    Text5. Text = Text5. Text + "民族: "& Text3. Text & vbCrLf
    Text5. Text = Text5. Text + "身份证号码: "& Text4. Text & vbCrLf
    If Option1. Value = True Then      '如选中 Option1，性别为男
        Text5. Text = Text5. Text + "性别: 男" & vbCrLf
    Else                              '否则 Option2 被选中，性别为女
        Text5. Text = Text5. Text + "性别: 女" & vbCrLf
    End If
    If Check1. Value = 1 Then Text5. Text = Text5. Text + "获得过奖学金" & vbCrLf
    If Check2. Value = 1 Then Text5. Text = Text5. Text + "是三好学生" & vbCrLf
    If Check3. Value = 1 Then Text5. Text = Text5. Text + "是学生干部" & vbCrLf
End Sub
```

'Command2 按钮用于清除用户输入的内容，它的 Click 事件代码如下：

```
Private Sub Command2_Click()
    Dim i As Integer
    Text1. Text = ""                          '文本框全部清空
    Text2. Text = ""
    Text3. Text = ""
    Text4. Text = ""
    Option1. Value = True                     '性别默认为"男"
    Check1. Value = 0                         '复选框默认为全部未选中
    Check2. Value = 0
    Check3. Value = 0
    Text5. Text = ""                          '将列表框 List1 中的内容清空
    Text1. SetFocus                           'Text1 获得焦点
End Sub
```

（5）运行、调试并保存工程。启动窗体，在图 5.2 所示的窗体上，按照图 5.3 所示的内容进行输入和选择，然后单击"确认"按钮，就会在列表框中出现图中所示的结果；最后单击"清除"按钮，注意观察该事件发生的结果。

2. 通过编写一个闪烁文字程序，学习计时器控件（Timer）的主要属性与事件的应用

计时器控件可以每隔一定时间就自动执行一次 Timer 事件，时间间隔由 Interval 属性设置，它的单位是毫秒，运行时计时器控件不可见。

下面使用计时器控件实现文字闪烁的功能，即文字的颜色交替呈现红蓝两色。

操作步骤：

（1）在"第 5 章实验一"的文件夹中建立工程文件"实验一工程 2.VBP"，并在工程中建立窗体文件"实验一窗体 2.FRM"。

（2）在窗体上添加一个标签、一个计时器；在窗体上设置对象的属性，见表 5.2。设置属性后的窗体外观如图 5.4 所示。

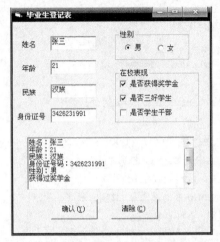

图 5.3　程序运行时的窗体　　　　　　　　　图 5.4　计时器的应用

表 5.2　　　　　　　　　　　　　　设置对象的属性

对象（名称）	属　　性	属　性　值	说　　明
Form1	Caption	计时器的应用	
Label1	Caption	文字的闪烁	
	Font	粗体、三号	
	AutoSize	True	
Timer1	Interval	500	时间间隔为 0.5 秒

（3）先定义一个模块级过程变量 Flag，它的两个值分别表示两种不同颜色。窗体启动时，初始化文字为红色，由计时器的 Timer 事件控制两种颜色的交替变化。代码如下：

```
Option Explicit
Dim Flag As Boolean
Private Sub Form_Load()
    Flag = True
    Label1. ForeColor = RGB(255, 0, 0)          '设置字符的前景色为红色
End Sub
Private Sub Timer1_Timer()
    Flag = Not Flag                             'Flag取相反值，表示颜色将改变
    If Flag Then                                '如果Flag值为真，字符为红色
        Label1. ForeColor = RGB(255, 0, 0)      '设置前景色为红色
    Else                                        '如果Flag值为假，字符为蓝色
        Label1. ForeColor = RGB(0, 0, 255)      '设置前景色为蓝色
    End If
End Sub
```

（4）运行、调试并保存工程。程序的启动界面如图 5.5 所示。每隔 0.5 秒，文字的颜色在红色和蓝色之间变换一次。

【思考与练习】

1．单选按钮与复选框有什么区别？

2．计时器控件的常用属性和事件是什么？

图 5.5　程序运行图

3. 设计一个简单的计时器，如图 5.6 所示。单击"开始"按钮，按钮变成"暂停"，开始计时。单击"暂停"按钮，按钮变为"继续"，停止计时，显示记录的时间数。单击"继续"按钮，继续计时。在任何时刻单击"重置"按钮，时间读数都将重置为 0。

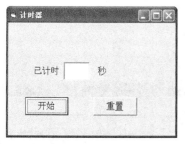

图 5.6　简单的计时器

实验 2　Visual Basic 6.0 中列表框、组合列表框和滚动条的应用

【实验目的】

通过本次实验，掌握列表框、组合列表框和滚动条的常用属性和事件的使用方法。

【实验要求】

1. 掌握 Visual Basic 6.0 中列表框的主要属性和方法的应用；

2. 掌握 Visual Basic 6.0 中组合列表框的主要属性和事件的用法；

3. 掌握 Visual Basic 6.0 中滚动条的主要属性和事件的用法。

【实验内容】

1. 通过编写篮球比赛组队程序，学习 Visual Basic 6.0 中列表框的主要属性和方法；

2. 通过编写组合列表框和滚动条的综合应用实例，学习组合列表框和滚动条的主要属性和事件。

【实验步骤】

1. 通过编写篮球比赛组队程序，学习 Visual Basic 6.0 中列表框的主要属性和方法

列表框的主要作用是提供多个选项供用户选择。

（1）列表框的常用属性有 List、Text、ListIndex、ListCount 等。

其中，List 属性是一个表示列表项目内容的数组。可以在属性窗口输入项目内容，用 Ctrl+ Enter 组合键换行，最后以 Enter 键结束输入；也可以在窗体的 Load 事件过程中，使用 AddItem 方法向列表框添加项目。在列表框中，第一个数据项目的下标为 0。

当列表框中的项目内容超出了列表框的范围，列表框会自动添加滚动条。

Text 属性表示列表框中选定项目的内容。

ListCount 属性表示列表框中所含全部元素的个数。

（2）列表框的常用方法如下。

AddItem 方法：向列表框添加项目。

RemoveItem 方法：从列表框中删除项目。

Clear 方法：删除列表框中的所有项目。

（3）列表框的常用事件是 Click 事件。当用户单击列表框中的某一项目时，将会触发该事件。

下面设计一个篮球比赛的组队程序。要求运行程序时，单击列表框中的队员，该队员将从一个列表框移动到另一个列表框中。

操作步骤：

（1）在 C 盘根目录下创建"第 5 章实验二"文件夹。

（2）在文件夹中建立工程文件"实验二工程 1.VBP"，并在工程中建立窗体文件"实验二窗体 1.FRM"。

（3）在窗体上添加 2 个标签、2 个列表框，如图 5.7 所示。窗体的 Caption 属性设为"篮球比赛"，Label1 的 Caption 属性设为"参赛队员"，Label2 的 Caption 属性设为"候补队员"。

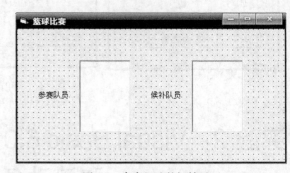

图 5.7　参赛组队的初始界面

（4）编写代码如下：

```
'当窗体加载时，在两个列表框中分别添加参赛队员和候补队员的名单，代码如下：
Private Sub Form_Load()
    List1. AddItem "赵凡"
    List1. AddItem "钱卫"
    List1. AddItem "孙天"
    List1. AddItem "刘海"
    List1. AddItem "李立"
    List1. AddItem "周阳"
    List2. AddItem "王浩"
    List2. AddItem "吴非"
End Sub
'若单击 List1 中的参赛队员，则该队员移动到 List2 中，变为候补队员，代码如下：
Private Sub List1_Click()
    List2. AddItem List1. Text
    List1. RemoveItem List1. ListIndex
End Sub
'若单击 List2 中的候补队员，则该队员移动到 List1 中，变为参赛队员，代码如下：
```

```
Private Sub List2_Click()
    List1. AddItem List2. Text
    List2. RemoveItem List2. ListIndex
End Sub
```

（5）运行、调试并保存工程。启动窗体，单击列表框中的队员，该队员将从一个列表框移动到另一个列表框中。程序的运行结果如图 5.8 所示。

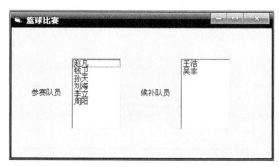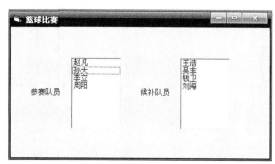

图 5.8　参赛组队的运行结果

2. 通过编写组合列表框和滚动条的综合应用实例，学习组合列表框和滚动条的主要属性和事件

利用列表框可以选择所需要的项目，而组合框不仅可以选择所需要的项目，而且可以输入所需要的内容。

（1）除了具有列表框和文本框的有关属性之外，还有下列属性。

① Style 确定组合框的类型：

值为 0 下拉式组合框，可识别 Dropdown 事件，不可识别 DblCliek；

值为 1 简单组合框，可识别 DblClick 事件，不可识别 Dropdown 事件；

值为 2 下拉式列表框，可识别 Dropdown 事件，不可识别 DblClick、Change 事件。

② Text 用户选择或输入的文本。

（2）事件有 Click、DbliClick、DropDown 触发时读取 Text 的值。

（3）方法。

① AddItem 向列表框中添加选项，语法：列表框名.AddItem 项目字符串[索引值]，默认追加尾部，加索引追加后其他项后移。

② RemoveItem 删除指定列表项，语法：列表框名.RemoveItem 索引值。

③ Clear 清除列表框中的所有列表项。

要求设计一个控制文字效果的演示程序，使用滚动条控制文本框中文字的大小，使用单选按钮控制文字的字体，使用复选框控制文字的样式效果，使用组合列表框控制文字的字体样式。

操作步骤：

（1）在"第 5 章实验 2"的文件夹中建立工程文件"实验二工程 2.VBP"，并在工程中建立窗体文件"实验二窗体 2.FRM"。

（2）在窗体上添加 1 个文本框、1 个标签、3 个单选按钮、2 个复选按钮、1 个滚动条、1 个组合列表框，如图 5.9 所示。按照表 5.3 所示设置窗体和对象的属性，属性设置好的界面如图 5.10 所示。

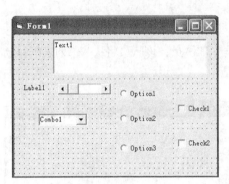

图 5.9　添加控件后的窗体

图 5.10　设置属性后的窗体

表 5.3　　　　　　　　　　　　　　　　对象的属性设置

对象（名称）	属　性	属　性　值	说　　明
Form1	名称	实验二窗体 2	
	Caption	文字效果的演示	设置标题文字
Text1	Text	欢迎使用 VB 的控件	文本框内容
Label1	Caption	字号	
	AutoSize	True	
Option1	Caption	宋体	
	Value	True	设为选中按钮
Option2	Caption	隶书	设置标题文字
Option3	Caption	楷体_GB2312	设置标题文字
Check1	Caption	删除线	
Check2	Caption	下划线	
Hscroll1	Value	8	决定了滚动条中滑块的位置
	Min	8	设置最小取值
	Man	72	设置最大取值
	SmallChange	2	设置鼠标在两端的箭头上单击时值改变的量
	LargeChange	4	设置鼠标在端点与滑块之间单击时值改变的量
Combol	Text	规则	设置组合列表框中当前显示的数据项
	List	规则	设置组合列表框中的各个数据项值；在输入时，按 Ctrl+Enter 组合键可以换行，按 Enter 键结束输入
		斜体	
		粗体	
		粗斜体	

（3）编写代码如下：

'为了使文本框中的文字默认为：宋体、8 号字，添加窗体的 Load 事件代码如下：

```
Private Sub Form_Load()
    Option1. Value = True
    Text1. FontName = "宋体"
```

```
        Text1. FontSize = 8
End Sub
'为了使 Hscroll1 控件的 Value 属性值能随时控制文本框中文字的大小，
'需要编写 Hscroll1 控件的 Change 事件，只要 Value 属性值发生改变，
'就会触发它的 Change 事件，代码如下：
Private Sub Hscroll1_Change()
        Text1. FontSize = HScroll1. Value
End Sub
'为了使用组合列表框中选定的内容来设置文字的字体样式，
'需要编写 Combo1 控件的 Click 事件，每当用户从组合列表框中选择一种字体样式，
'就会触发它的 Click 事件，在执行事件过程代码时根据对 Text 属性值的判断，
'来决定使用那种字体样式。代码如下：
Private Sub Combo1_Click()
        Text1. FontBold = False
        Text1. FontItalic = False                '先将字体样式设为默认的"规则"
        Select Case Combo1. Text
            Case "粗体"
                Text1. FontBold = True
            Case "斜体"
                Text1. FontItalic = True
            Case "粗斜体"
                Text1. FontBold = True
                Text1. FontItalic = True
        End Select
End Sub
'由于用户只能从三种字体中选择一种，
'所以本例中使用了单选按钮来表示可以选择的字体。
'当某个按钮被单击，就表示该种字体被选定，
'从而对文本框中文字的字体进行相应的设置。
'编写单选按钮的 Click 事件过程如下：
Private Sub Option1_Click()
        Text1. FontName = "宋体"
End Sub
Private Sub Option2_Click()
        Text1. FontName = "隶书"
End Sub
Private Sub Option3_Click()
        Text1. FontName = "楷体_GB2312"
End Sub
'文字的两种效果：删除线和下划线，它们可以同时被选中，
'所以本例使用了复选框来表示。任何一个复选框被单击时，
'用户都需要判断一下：该复选框是被选中了，还是取消选中。
'所以编写复选框的 Click 事件代码如下：
Private Sub Check1_Click()
        If Check1. Value = 1 Then
                Text1. FontStrikethru = True
        Else
                Text1. FontStrikethru = False
        End If
End Sub
```

```
Private Sub Check2_Click()
    If Check2. Value = 1 Then
        Text1. FontUnderline = True
    Else
        Text1. FontUnderline = False
    End If
End Sub
```

（4）运行、调试并保存工程。单击"启动"按钮，启动程序。

① 在窗体上向右移动水平滚动条的滑块，注意观察文本框中的文字是否变大。

② 分别单击 3 个单选按钮，观察文本框中的字体是否发生变化。

③ 分别多次单击两个复选框，观察文本框中的文字效果是否发生变化。

④ 从组合列表框中分别选择不同的数据项，观察文本框的字体样式是否在变。

图 5.11 所示为一次运行程序时的效果图。

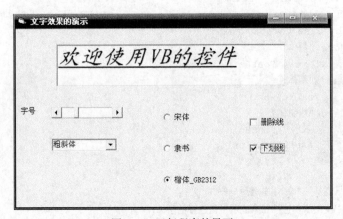

图 5.11　运行程序的界面

【思考与练习】

1. 列表框的主要属性、事件和方法有哪些？

2. 组合列表框的主要属性、事件和方法有哪些？

3. 水平滚动条的主要属性和事件是什么？

4. 编写一个应用程序来判断任意选定的一个数是否素数，程序用户界面如图 5.12 所示。程序运行时，在窗体上的列表框中列出了 1 000 个整数。用户点击任意一个数，程序就判断该数是否是素数，如果是素数则用蓝色字体将结果显示在标签框中，如果不是素数则用红色字体将结果显示在标签框中，如图 5.13 所示。

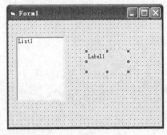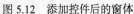
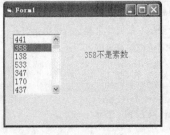
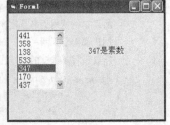

图 5.12　添加控件后的窗体　　　　　　　图 5.13　运行程序的界面

5. 将第 4 题中的列表框改为组合列表框，实现同样的功能，比较两者的异同。

实验 3　Visual Basic 6.0 中图像和图形的应用

【实验目的】

掌握使用图片框和图像框加载图形文件的方法，同时掌握 Shape 控件和 Line 控件常用属性的应用。

【实验要求】

1. 掌握 Visual Basic 6.0 中图片框控件常用属性的应用；
2. 掌握 Visual Basic 6.0 中图像框控件常用属性的应用；
3. 掌握 Visual Basic 6.0 中 Shape 控件常用属性的应用；
4. 掌握 Visual Basic 6.0 中 Line 控件常用属性的应用。

【实验内容】

1. 通过编写动画制作的程序，学习 Visual Basic 6.0 中的图片框与图像框控件的应用；
2. 通过编写一个时钟程序，学习 Visual Basic 6.0 中的 Shape 控件与 Line 控件的应用。

【实验步骤】

1. 通过编写动画制作的程序，学习 Visual Basic 6.0 中的图片框与图像框控件的应用

图片框和图像框是 Visual Basic 中用于显示图形的两种控件。使用时要注意它们的区别：

① 图片框是一个容器控件，其上可以包含其他控件；

② 图片框可以使用图形方法；

③ 图片框比图像框占用的内存要多；

④ Autosize 用于设置图片框适应于图片的大小，Stretch 用于设置图片适应于图像框的大小。

下面编写动画制作的程序。

操作步骤：

（1）在 C 盘根目录下创建"第 5 章实验三"文件夹。

（2）在文件夹中建立工程文件"实验 3 工程 1.VBP"，并在工程中建立窗体文件"实验三窗体 1.FRM"。

（3）在窗体上添加 3 个图片框、1 个图像框，1 个计时器，见表 5.4，设置窗体和对象的属性，属性设置好的界面如图 5.14 所示。

表 5.4　　　　　　　　　　　　　　　对象的属性设置

对象（名称）	属性	属性值	说　　明
Form1	名称	实验三窗体 1	
	Caption	动画制作	设置标题文字
Timer1	Interval	200	时间间隔为 0.2 秒
Picture1	Picture	Face01.ico	C:\Program Files\Microsoft Visual Studio\Common\Graphics\Icons\Misc 文件夹中
	AutoSize	True	图片框适应于图片的大小
	Visible	False	图片框不可见

续表

对象（名称）	属性	属性值	说　　明
Picture2	Picture	Face02.ico	C:\Program Files\Microsoft Visual Studio\ Common\Graphics\Icons\Misc 文件夹中
	AutoSize	True	图片框适应于图片的大小
	Visible	False	图片框不可见
Picture3	Picture	Face03.ico	C:\Program Files\Microsoft Visual Studio\Common\Graphics\Icons\Misc 文件夹中
	AutoSize	True	图片框适应于图片的大小
	Visible	False	图片框不可见
Image1	Stretch	True	图形能自动变化大小以适应图像框的大小

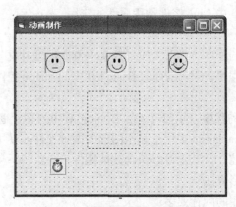

图 5.14　属性设置后的窗体外观

（4）编写代码如下：

```
Option Explicit

Private Sub Timer1_Timer()
        Static select As Integer                '定义静态变量
Select Case sele
        Case 0
        Imagel. Picture = Picture1. Picture      '图像框 1 中加载图片框 1 中的图形
        sele = 1
        Case 1
        Image1. Picture = Picture2. Picture      '图像框 1 中加载图片框 2 中的图形
        sele = 2
        Case 2
        Image1. Picture = Picture3. Picture      '图像框 1 中加载图片框 3 中的图形
        Sele = 0
        End Select
        End Sub
```

（5）运行、调试并保存工程。单击"启动"按钮，将会得到一张动态变化的脸，如图 5.15 所示。

2. 通过编写一个时钟程序，学习 Visual Basic 6.0 中的 Shape 控件与 Line 控件的应用

形状（Shape）用于在窗体、框架、图片框中绘制预定义几何图形。

图 5.15　运行程序的界面

常用属性：Shape 用于返回或设置形状控件的外观。

线形（Line）用来在窗体、框架或者图片框的表面绘制简单的线段。

常用属性：X1、Y1、X2、Y2 属性。

操作步骤；

（1）在"第 5 章实验 3"的文件夹中建立工程文件"实验三工程 2.VBP"，并在工程中建立窗体文件"实验三窗体 2.FRM"。

（2）在窗体上添加 2 个 Shape 控件（表盘 Shape1 和表轴 Shape2）；1 个计时器控件 Timer1；3 个指针（秒针 Line1、分针 Line2 和时针 Line3）；4 个标签 Label1～Label4。按表 5.5 所示设置窗体和对象的属性，属性设置好的界面如图 5.16 所示。

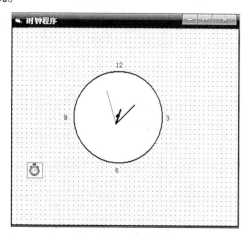

图 5.16　属性设置后的窗体外观

表 5.5　　　　　　　　　　　　　　　　对象的属性设置

对象（名称）	属　性	属　性　值	说　明
Form1	名称	实验三窗体 2	
	Caption	时钟程序	设置标题文字
Shape1	Shape	3－Circle	形状设为圆
	BackColor	白色	背景色设为白色
	BackStyle	1－Opaque	背景样式设为不透明
	BorderWidth	2	线宽设为 2
	Width	2310	注意宽度要与高度相同，并且位于窗体的中心
	Height	2310	
Shape2	Shape	3－Circle	
	BackColor	黑色	背景色设为黑色
	BackStyle	1－Opaque	
	Width	100	注意宽度要与高度相同，并且位于窗体的中心
	Height	100	
Timer1	Interval	1000	时间间隔设为 1 秒
Line1	BorderColor	红色	线条颜色设为红色
Line2	BorderWidth	2	

对象（名称）	属 性	属 性 值	说 明
Line3	BorderWidth	3	
Label1	Caption	12	
	AutoSize	True	
	BackStyle	0-Transparent	背景样式设为透明
Label2	Caption	3	
	AutoSize	True	
	BackStyle	0-Transparent	
Label3	Caption	6	
	AutoSize	True	
	BackStyle	0-Transparent	
Label4	Caption	9	
	AutoSize	True	
	BaekStyle	0-Transparent	

（3）编写代码如下：

```
'设计窗体的 Load 事件代码
    Option Explicit
Const pi = 3.1415926                    '定义符号常量 pi
Dim s, m, h As Single
'用 s、m、h 分别表示秒、分钟、小时
Private Sub Form_activate()
'将秒针、分针、时针的起点定位到表面的中心
        Line1. X1 = Shape1. Left + Shape1. Width/2
        Line1. Y1 = Shape1. Top + Shape1. Height/2
        Line2. X1 = Shape1. Left + Shape1. Width/2
        Line2. Y1 = Shape1. Top + Shape1. Height/2
        Line3. X1 = Shape1. Left + Shape1. Width/2
        Line3. Y1 = Shape1. Top + Shape1. Height/2
'将秒针、分针、时针的终点定位到表面的垂直向上
        Line1. X2 = Line1. X1
        Line1. Y2 = Line1. Y1 - Shape1. Height / 2 + 200
        Line2. X2 = Line2. X1
        Line2. Y2 = Line2. Y1 - Shape1. Height / 2 + 400
        Line3. X2 = Line3. X1
        Line3. Y2 = Line3. Y1 - Shape1. Height / 2 + 600
'计算三根指针的长度
        Line1. Tag = Line1. Y1 - Line1. Y2
        Line2. Tag = Line2. Y1 - Line2. Y2
        Line3. Tag = Line3. Y1 - Line3. Y2
'在窗体标题上显示时间
        Me.Caption = Time
        s = Second(Time)
'计算当前的秒数，然后确定秒针的（X1，Y1）坐标位置
        Line1. X2 = Line1. X1 + Line1. Tag * Sin(pi * s / 30)
        Line1. Y2 = Line1. Y1 - Line1. Tag * Cos(pi * s / 30)
        M = Minute(Time)
'计算当前的分钟数，然后确定分针的（X1，Y1）坐标位置
```

```
        Line2. X2 = Line2. X1 + Line2. Tag * Sin(pi * m / 30)
        Line2. Y2 = Line2. Y1 - Line2. Tag * Cos(pi * m / 30)
        h = Hour(Time)
        h = h Mod 12 + m / 60
'计算当前的小时数，然后确定时针的（X1，Y1）坐标位置
        Line3. X2 = Line3. X1 + Line3. Tag * Sin(pi * h / 6)
        Line3. Y2 = Line3. Y1 - Line3. Tag * Cos(pi * h / 6)
End Sub

'设计 Timer1 的 Timer 事件代码:
    Private Sub Timer1_Timer()
        s = Second(Time)
        Me.Caption = Time
        Line1. X2 = Line1. X1 + Line1. Tag * Sin(pi * s / 30)
        Line1. Y2 = Line1. Y1 - Line1. Tag * Cos(pi * s / 30)
        If s = 0 Then
'秒针每运动 60 秒，回到 0 时，重新计算分针和时针的位置
            m = Minute(Time)
            Line2. X2 = Line2. X1 + Line2. Tag * Sin(pi * m / 30)
            Line2. Y2 = Line2. Y1 - Line2. Tag * Cos(pi * m / 30)
            h = Hour(Time)
            h = h Mod 12 + m / 60
            Line3. X2 = Line3. X1 + Line3. Tag * Sin(pi * h / 6)
            Line3. Y2 = Line3. Y1 - Line3. Tag * Cos(pi * h / 6)
        End If
    End Sub
End Sub
```

（4）运行、调试并保存工程。单击"启动"按钮，将会得到电子时钟，如图 5.17 所示。

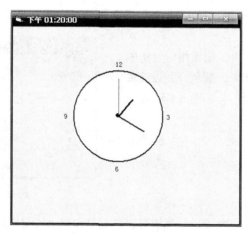

图 5.17　运行程序的界面

【思考与练习】

1. 怎样使用图片框和图像框对象来制作动画程序？关键是要使用什么控件？

2. Shape 控件和 Line 控件的常用属性有哪些？

第6章
菜单设计

实验 菜单设计示例

【实验目的】

通过本次实验，了解菜单编辑器的使用方法，掌握通过菜单编辑器设计菜单的方法。

【实验要求】

1. 掌握 Visual Basic 6.0 中菜单编辑器的应用；
2. 掌握利用 Visual Basic 6.0 设计窗口菜单和弹出式菜单的方法；
3. 掌握菜单控件的常用属性和事件。

【实验内容】

创建 Visual Basic 应用程序，显示 2012 年指定月份的日历。

【实验步骤】

要求设计菜单，输入月份，输出指定月份的日历。同时提供菜单调整字体、颜色，并设计弹出式菜单用于调整字体的大小，如图 6.1 所示。

操作步骤：

（1）创建实验文件夹，命名为"第 6 章实验"，然后启动 Visual Basic，并创建一个标准 EXE 工程。

（2）选择"工具"菜单下的"菜单编辑器"，

图 6.1 日历显示程序

弹出菜单编辑器窗口，利用菜单编辑器完成对窗口菜单和弹出式菜单的设计。具体菜单控件属性设置见表 6.1。

表 6.1　　　　　　　　　　　　　　　　菜单控件的属性设置

对　　象	属　　性	属　性　值	说　　明
主菜单项 1	名称	File	
	标题	日历运算(&R)	括号内字母为热键
子菜单项 1-1	名称	Yue	
	标题	输入月份	

对　　象	属　　性	属　性　值	说　　明
子菜单项 1-2	名称	Quit	
	标题	退出	
	快捷键	Alt+Q	
主菜单项 2	名称	fntMC	
	标题	字体名称(&N)	
子菜单项 2-1	名称	fntST	
	标题	宋体	
子菜单项 2-2	名称	fntHT	
	标题	黑体	
子菜单项 2-3	名称	fntLS	
	标题	隶书	
主菜单项 3	名称	fntYS	
	标题	字体颜色(&C)	
子菜单项 3-1	名称	fntHei	
	标题	黑色	
子菜单项 3-2	名称	fntLan	
	标题	蓝色	
子菜单项 3-3	名称	fntHong	
	标题	红色	
主菜单项 4	名称	fntSize	
	标题	字体大小	
	可见性	不可见	去掉勾选
子菜单项 4-1	名称	big	
	标题	增大字体	
子菜单项 4-2	名称	little	
	标题	减小字体	

注意，字体大小菜单项是用于表示弹出式菜单的，所以一开始要将字体大小（fntSize）菜单可见选项去除，表示该菜单项一开始不可见。

（3）单击"文件"菜单中的"输入月份"选项，为该菜单项的 Click 事件编写代码如下：

```
Private Sub yue_Click()
    Dim m As Integer
    Dim str As String, rqstr As String
    Dim rq As Date
    Dim t As Integer, xq As Integer, i As Integer
    Dim days As Integer
    str = ""
    t = 0
    m = Val(InputBox("请输入要显示的月份", "输入月份"))
    If m < 1 Or m > 12 Then
        MsgBox "你输入的月份不正确", vbOKOnly, "提示"
    Else
        rq = "2012-" & m & "-1"                  '得到指定月的第 1 天
        xq = Weekday(CDate(rq), vbMonday)        '判断指定月第 1 天是星期几
```

```
        str = "一" & Space(4) & "二" & Space(4) & "三" & Space(4) & "四" & Space(4)
& "五" & Space(4) & "六" & Space(4) & "日" & Space(4) & Chr(13)
            Select Case m                              '判断得到相应月的天数
                Case 1, 3, 5, 7, 8, 10, 12
                    days = 31
                Case 4, 6, 9, 11
                    days = 30
                Case 2
                    days = 29
            End Select
            t = xq
            str = str & Space((t - 1) * 6 + 1)         '构造输出的日历字符串
            For i = 1 To days
                str = str & i
                If i < 10 Then
                    str = str & Space(5)
                Else
                    str = str & Space(4)
                End If
                If t = 7 Then
                    str = str & Chr(13)
                    t = 0
                End If
                t = t + 1
            Next i
            Label1.Caption = str                       '在标签内显示日历字符串
        End If
    End Sub
```

（4）在代码编辑窗口内，分别设计与字体名称有关的菜单项的 Click 事件代码。

```
    Private Sub fntST_Click()
        Label1.FontName = "宋体"
    End Sub

    Private Sub fntHT_Click()
        Label1.FontName = "黑体"
    End Sub

    Private Sub fntLS_Click()
        Label1.FontName = "隶书"
    End Sub
```

（5）在代码编辑窗口内，分别设计与字体颜色有关的菜单项的 Click 事件代码。

```
    Private Sub fntHei_Click()
        Label1.ForeColor = vbBlack
    End Sub

    Private Sub fntLan_Click()
        Label1.ForeColor = vbBlue
    End Sub

    Private Sub fntHong_Click()
        Label1.ForeColor = vbRed
    End Sub
```

（6）在代码编辑窗口内，分别设计与调整字体大小有关的菜单项的 Click 事件代码。

```
Private Sub big_Click()
  If Label1.FontSize <= 15 Then
      Label1.FontSize = Label1.FontSize + 1
  Else
      big.Enabled = False
  End If
  little.Enabled = True
End Sub

Private Sub little_Click()
   If Label1.FontSize > 9 Then
      Label1.FontSize = Label1.FontSize - 1
   Else
      little.Enabled = False
   End If
   big.Enabled = True
End Sub
```

（7）在代码编辑窗口内，设计退出菜单项的 **Click** 事件代码。

```
Private Sub quit_Click()
    End
End Sub
```

（8）设计弹出式菜单。由于"字体大小"主菜单项的可见性一开始设置为不可见，希望弹出式菜单是在窗体上单击鼠标右击弹出，因此应针对窗体的 **MouseDown** 事件编写代码：

```
Private Sub Form_MouseDown(Button As Integer, Shift As Integer, X As Single, Y As Single)
    If Button = 2 Then              'Button=2 表示单击鼠标的右键
        PopupMenu fntSize
    End If
End Sub
```

（9）调试运行并保存工程。工程运行时，选择文件菜单的"输入月份"，会弹出对话框获取用户输入的月份，如图 6.2 所示。

对于不合法的月份，会给出合理提示，如图 6.3 所示。

图 6.2　输入月份对话框

图 6.3　对不合法月份给出提示

当输入合法的月份后，会在屏幕中显示当前月的日历，如图 6.1 所示。

利用字体名称菜单与字体颜色菜单可以调整字体与颜色。在窗体上右击，会出现弹出式菜单，通过它可以调整字体的大小，如图 6.4 所示。

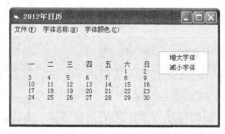

图 6.4　窗体上使用弹出式菜单

第7章
鼠标与键盘事件

实验 鼠标与键盘事件

【实验目的】

通过本次实验掌握 MouseUp、MouseDown、KeyUp、KeyDown、DragDrop 等事件，以及对象对这些鼠标与键盘事件的响应。

【实验要求】

1. 掌握 Visual Basic 6.0 中键盘事件 KeyUp、KeyDown 的应用；

2. 掌握 Visual Basic 6.0 中鼠标事件 DragDrop 的应用；

3. 掌握 Visual Basic 6.0 中鼠标事件 MouseUp、MouseDown 的应用。

【实验内容】

1. 设计一个应用程序，测试连续两次快速单击按键的时间间隔，通过该实验掌握键盘事件 KeyUp、KeyDown 的应用；

2. 设计一个应用程序，将窗体中文本框的内容拖到"垃圾筒"中删除，通过该实验掌握鼠标事件 DragDrop 的应用；

3. 设计一个应用程序，用于测试连续两次快速单击鼠标左键的时间间隔，通过该实验掌握鼠标事件 MouseUp、MouseDown 的应用。

【实验步骤】

1. 设计一个应用程序，测试连续两次快速单击按键的时间间隔

键盘事件如下。

KeyDown 事件：当压下键盘上的某个键，将触发该事件。

KeyUp 事件：当松开键盘上的某个键，将触发该事件。

KeyDown、KeyUp 返回的是"物理键"，也就是所按的键在键盘上的位置。

KeyPress 事件：当用户按下和松开一个键时发生。

KeyPress 事件返回"字符"的 ASCII 码，可以识别字符键和 ENTER、TAB、BACKSPACE 等控制键。

编写具有如图 7.1 所示界面的程序，要求完成测试连续两次单击字母 A 的时间间隔。

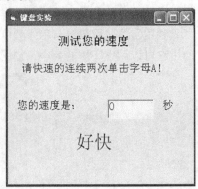

图 7.1 键盘事件

操作步骤：

（1）在 C 盘根目录下创建"第 7 章实验一"文件夹。

（2）在文件夹中建立工程文件"实验一工程 1.VBP"，并在工程中建立窗体文件"实验一窗体 1.FRM"。

（3）在窗体上添加 6 个标签，1 个计时器，见表 7.1，设置窗体和对象的属性。

表 7.1　　　　　　　　　　　　　　设置对象的属性

对象（名称）	属　性	属　性　值	说　　明
Form1	名称	实验一窗体 1	
	Caption	键盘实验	设置标题文字
Label1	Caption	测试您的速度	标题
	Font	黑体、三号字	
Label2	Caption	请快速地连续两次单击字母 A！	
Label3	Caption	您的速度是：	
Label4	BorderStyle	1-Fixed	
	Backcolor	&H00COFFFF＆	浅黄色背景
Label5	Caption	秒	提示标题
Label6	Caption	好快	
	Font	宋体、小一号	
Timer1	Interval	10	计时最小间隔 10 毫秒

（4）窗体 KeyDown 事件运行图如图 7.2 所示，对应的代码如下：

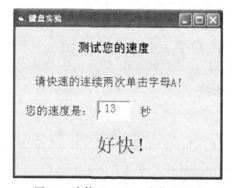

图 7.2　窗体 KeyDown 事件运行图

```
'全局变量 t1 为两次按键的时间间隔，Boolean 型变量 t2=True 时表示第 1 次按键。
'计时开始，t2=False 时表示第 2 次按键，计时结束并显示结果。
'说明：响应的最短时间间隔为 10 毫秒。
Public t1 As Single, t2 As Boolean        '说明全局变量 t1, t2
Private Sub Form_Load()
t1 = 0
t2 = True
Label4.Caption = t / 1000
Timer1.Enabled = False
End Sub
```

```
          Private Sub Timer1_Timer()
            t1 = t1 + 10                                    '每10毫秒 t1 加 10
          End Sub

          Private Sub Form_KeyDown(KeyCode As Integer, Shift As Integer)
          If KeyCode = vbKeyA Then                          '字母 a 继续，否则退出
            If t2 Then                                      '第一次按下
              T1 = 0                                        '时间间隔清 0
              t2 = False                                    '再按键时表示为第二次
              Timer1.Enabled = True                         '计时控制时钟开始计时
            Else                                            '第二次按下
              t2 = True                                     '再按键时表示为第一次
              Timer1.Enabled = False                        '计时控制时钟停止计时
              Label4.Caption = t1 / 1000                    '显示结果
              If t1< = 150 Then
              Label6.Caption = "好快!"                        '结果小于 0.15 秒显示"好快"提示
              Else
              Labe16.Caption = "太慢!"                        '结果大于 0.15 秒显示"太慢"提示
              End If
            End If
          End If
          End Sub
```

（5）运行、调试并保存工程。启动窗体，快速按动键盘上的 "A" 键，将能检测出两次按键的间隔。

2. 设计一个应用程序，将窗体中文本框的内容拖到"垃圾筒"中删除

鼠标事件 DragDrop：当拖动对象释放鼠标时触发。

操作步骤：

（1）在"第 7 章实验一"的文件夹中建立工程文件"实验一工程 2.VBP"，并在工程中建立窗体文件"实验一窗体 2.FRM"。

（2）在窗体上添加 1 个标签、1 个文本框、1 个图像框，见表 7.2，设置窗体和对象的属性。

表 7.2   设置对象的属性

对象（名称）	属性	属 性 值	说 明
Form1	名称	实验一窗体 2	
	Caption	鼠标事件 DragDrop	设置标题文字
Label1	Caption	将文本框拖动到垃圾筒的上方删除	
Text1	DragMode	1-Automatic	设置为 0-Manual 文本框将不能拖动
	DragIcon	文件 H_IBEAM.CUR	拖动时显示的图标 在 C:\program file\Microsoft Visual Stdio\Common\graphics\Cursors 文件夹下
Image1	Picture	文件 WASTE.ICO	垃圾筒图标 在 C:\program file\Microsoft Visual Stdio\Common\graphics\Icons\Win95 文件夹下

（3）编写代码如下：

```
'只有将鼠标指针拖动到垃圾筒内放开才能触发对象 Image1 的 DragDrop 事件。
'将鼠标指针拖动其他位置将触发窗体 DragDrop 事件，因对 Form_DragDrOp 没有编码，
'所以不能删除文本框的内容。
Private Sub Image1_DragDrop(Source As Control, X As Single, Y As Single)
Text1.Text = ""
End Sub
```

（4）运行、调试并保存工程。启动窗体，用鼠标拖动文本框，将其放入垃圾箱，将会把文字删除，如图 7.3 所示。

3. 设计一个应用程序，用于测试连续两次快速单击鼠标左键的时间间隔

MouseDown 事件：当按下鼠标键时，将触发该事件。

MouseUp 事件：当松开鼠标键时，将触发该事件。

Click 事件：当单击鼠标键时，将触发该事件。

操作步骤：

（1）打开本实验第一个程序的工程文件"实验一工程 1.VBP"，另存为"实验一工程 3.VBP"，将窗体另存为"实验一窗体 3.FRM"。

图 7.3 用鼠标拖动文本框，将其放入垃圾箱

（2）修改对象属性：将窗体的 Caption 改为"鼠标实验"，将标签的 Caption 改为"请快速地连续两次单击鼠标左键!"。

（3）修改编写代码如下：

```
'全局变量 t1 为两次按键的时间间隔，Boolean 型变量 t2=True 时表示第 1 次按键。
'计时开始，t2=False 时表示第 2 次按键，计时结束并显示结果。
'说明：响应的最短时间间隔为 10 毫秒。
Public t1 As Single, t2 As Boolean         '说明全局变量 t1, t2
Private Sub Form_Load()
    t1=0
    t2=True
    Label4.Caption=t/1000
    Timer1.Enabled=False
 End Sub
Private Sub Form_MouseDown(Button As Integer, Shift As Integer, X As Single; Y AS Single)
    If Button=1 Then                    '按鼠标左键
    If t2 Then                          '第一次按下
    t1=0                                '时间间隔清 0
    t2=False                            '再按键时表示为第二次
    Timer1.Enabled=True                 '计时控制时钟开始计时
    Else                                '第二次按下
    t2=True                             '再按键时表示为第一次
    Timer1.Enabled=False                '计时控制时钟停止计时
    Label4.Caption=t1 / 1000            '显示结果
    If t1<=150 Then
    Label6.Captioh="好快!"              '结果小于 0.15 秒显示"好快"提示
    Else
```

```
        Label6.Caption="太慢!"                        '结果大于 0.15 秒显示"太慢"提示
      End If
      End If
      End If

      End Sub

Private Sub Timer1_Timer()
t1=t1+10                                              '每 10 毫秒 t1 加 10
End Sub
```

（4）运行、调试并保存工程。启动窗体，快速单击鼠标左键，将能检测出两次按键的间隔，如图 7.4 所示。

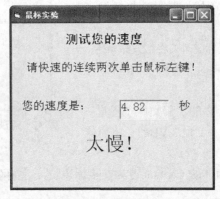

图 7.4　快速单击鼠标左键能检测出两次按键的间隔

【思考与练习】

1. 设计测试两次单击鼠标右键时间间隔的应用程序。

2. 用鼠标拖放方法实现文本框的复制。

3. 程序设计：如图 7.5 所示，"老鼠"(Image1)在窗体上自由移动，通过滚动条来控制时间，用户通过鼠标单击"老鼠"图标，在标签中实时显示打中老鼠的数量。计时结束时，用对话框显示最终击中老鼠的总数量，如图 7.6 所示。

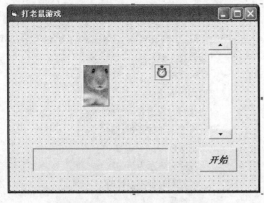 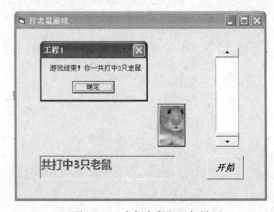

图 7.5　"击打老鼠"设计界面　　　　　　　　图 7.6　"击打老鼠"运行界面

第8章
文件处理

实验1 Visual Basic 6.0 中多文档窗体和文件系统控件的应用

【实验目的】

通过建立一个既能显示文本又能显示图像的多文档窗体，掌握多文档窗体的创建和文件系统控件的应用。

【实验要求】

1. 掌握 Visual Basic 6.0 中多文档窗体的建立方法；
2. 掌握 Visual Basic 6.0 中文件系统控件的应用；
3. 掌握 Visual Basic 6.0 中多文档窗体中子窗体的排列。

【实验内容】

建立一个既能显示文本又能显示图像的多文档窗体。

【实验步骤】

在 Visual Basic 6.0 的 MDI 应用程序中，MDI 父窗体只能有一个，而 MDI 子窗体可以有多个。

操作步骤：

（1）在 C 盘根目录下创建"第 8 章实验一"文件夹。

（2）在文件夹中建立工程文件"实验一工程 1.VBP"，并在工程中建立窗体文件"实验一窗体 1.FRM"。

（3）新建一个 MDI 父窗体：选择"工程"菜单上的"添加 MDI 窗体"命令选项，弹出如图 8.1 所示的对话框。单击"打开"按钮，则工程上就添加了一个 MDI 窗体对象 MDIForm1，单击 🔲 以"MDIForml.frm"为名保存父窗体文件。

（4）建立多个子窗体：使用"工程"菜单上的"添加窗体"命令选项，在工程中增加两个窗体 Forml 和 Form2，单击 🔲 以"实验一窗体 2.FRM"和"实验一窗体 3.FRM"为名保存窗体文件，将它们的窗体名称改为"实验一窗体 2"和"实验一窗体 3"。在"工程资源管理器"中分别选定实验一窗体 1、实验一窗体 2、实验一窗体 3，在它们的属性窗口，将它们的 MDIChild 属性值全部设置为 True，使它们全都成为 MDIForm1 窗体的子窗体，如图 8.2 所示。

（5）设置启动窗体为 MDI 父窗体：选择"工程"菜单上的"工程属性"命令选项，将

MDIForm1 父窗体设置为启动窗体，将此窗体作为主程序来执行。

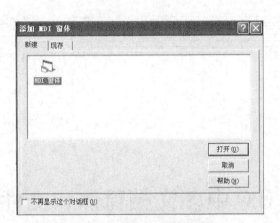

图 8.1　添加 MDI 窗体对话框

图 8.2　具有 1 个父窗体和 3 个子窗体的工程

（6）编写 MDI 窗体的 Load 事件代码：打开 MDIForm1 父窗体的代码编辑器窗口，输入下面一段代码：

```
Private Sub MDIForm_Load()
        Load 实验一窗体 1        'MDI 窗体启动时自动
                                加载"实验一窗体 1"
        End Sub
```

（7）设计提供用户选择需要的文件的子窗体"实验一窗体 1"：在子窗体"实验一窗体 1"上添加驱动器列表框 Drive1、目录列表框 Dir1 和文件列表框 File1，将窗体的 Caption 属性设置为"文件选择窗体"，如图 8.3 所示。

（8）编写"实验一窗体 1"的代码：

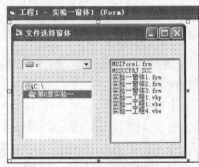

图 8.3　添加了文件系统控件的"实验一窗体 1"窗体

```
'使窗体在装载时能容纳控件，在窗体的 Load 事件中添加控制窗体大小的代码：
Private Sub Form_Load()      '设置窗体的高度和宽度
            实验一窗体 1.Height = 4000
            实验一窗体 1.Width = 5000
            File1.Pattern = "*.TXT;*.BMP;*.ICO;*.JPG"
End Sub
'使驱动器列表框 Drive1、目录列表框 Dir1 和文件列表框 File1 三者同步
Private Sub Drive1_Change()
        Dir1.Path = Drive1          '驱动器的改变会引起目录列表框路径的改变
End Sub

Private Sub Dir1_Change()
        File1.Path = Dir1                '目录的改变会引起文件列表框路径的改变
End Sub

'当用户双击选定文件列表框中的某个文件时，程序根据文件名的后三位（扩展名）
'来判断这是文本文件还是图形文件。
'如果是文本文件，用"实验一窗体 2"显示；
'如果是图形文件，就用"实验一窗体 3"显示。
Private Sub File1_DblClick()
```

```
              Dim str1 As String
Dim Strname As String          '定义文件名变量
strname = File1.Path+"\"+File1.FileName
              str1 = UCase$(Right$(strname, 3))
          If str1 = "TXT" Then              '判断所选文件是否是文本文件
                  Unload 实验一窗体 2         '先关闭前一次显示的文本文件
                  实验一窗体 2.Show          '显示实验一窗体 2
              End If
          If str1 = "BMP" Or str1 = "ICO" Or str1 = "JPG" Then
    '判断是否是这三种图形文件
                  Unload 实验一窗体 3         '先关闭前一次显示的图形文件
                  实验一窗体 3.Show          '显示实验一窗体 3
              End If
    End Sub
```

（9）设计文本显示窗口"实验一窗体 2"：将"实验一窗体 2"的 Caption 属性改为文本显示窗口，在窗体上添加一个文本框，将文本框的 Text 属性置空，MultiLine 属性设为 True，ScrollBars 属性设为 3-Both，如图 8.4 所示。

（10）编写"实验一窗体 2"的代码：

```
'当"实验一窗体 2"被加载时，将显示"实验一窗体 2"中
选定的文本文件
Option Explicit
Dim strname, st1 As String
Private Sub Form_Load()
Text1.Text = ""
strname =实验一窗体 1.File1.Path+"\"+实验一窗体 1.File1.FileName
'取出在实验一窗体 1 窗体中选择的文件名
Open strname For Input As # 1          '打开选择的文本文件
Do While Not EOF(1)                    '当文件未结束时读文件内容
    Line Input # 1, st1               '将文件的内容按行读到 st1 变量中
    Text1.Text = Text1.Text & st1 & Chr(13) & Chr(10)
                                      'Chr(13) & Chr(10)起回车换行的作用
Loop
Close # 1                             '关闭文件
End Sub
```

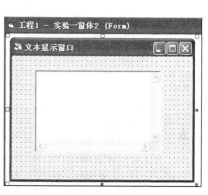

图 8.4　"实验一窗体 2"窗体界面

```
'当"实验一窗体 2"的大小发生变化时，文本框的大小随之作相应的调整，代码为：
Private Sub Form_Resize()
    Text1.Height =实验一窗体 2.Height-500
    Text1.Width =实验一窗体 2.Width-300
End Sub
```

（11）设计图像显示窗口"实验一窗体 3"：将"实验一窗体 3"的 Caption 属性改为图像显示窗口，在窗体上添加一个图像框控件 Image1，Stretch 属性值设为 True，使图形能自动变化大小以适应图像框的大小，如图 8.5 所示。

（12）编写"实验一窗体 3"的代码：

```
'当"实验一窗体 3"被加载时，将显示"实验一窗体 1"中选定的图形文件
    Option Explicit
Dim strname As String
Private Sub Form_Load()
Caption = "这是图像显示窗口"
```

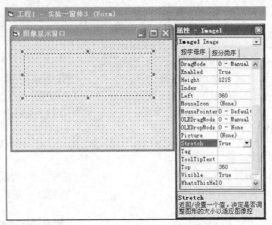

图 8.5 "实验一窗体 3" 窗体界面

```
Image1.Picture = LoadPicture("")              '清空图像框
strname =实验一窗体1.File1.Path+"\"+实验一窗体1.File1.FileName
'取出在实验一窗体1上选择的文件名
Image1.Picture = LoadPicture(strname)         '将图形文件加载到图像框
End Sub
'当"实验一窗体3"的大小发生变化时，图像框的大小随之作相应的调整
Private Sub Form_Resize()
        Image1.Height =实验一窗体3.Height - 500
        Image1.Width =实验一窗体3.Width - 300
End Sub
```

（13）多文档窗体中子窗体的排列：为了方便管理本程序中的 3 个子窗体，可以在 MDIForm1 窗体的 Click 事件中使用 MDI 窗体的 Arrange 方法，按照用户输入的排列方式参数值来排列子窗体，参数值与对应的排列方式，见表 8.1。

表 8.1　　　　　　　　子窗体的排列方式与对应的参数值

VB 常量	值	子窗体显示方式
vbCascade	0	重叠方式
vbTileHorizontal	1	水平并排
vbTileVertical	2	垂直并排
vbArrangeIcons	3	最小化后以图标形式重排

（14）在 MDIForm1 窗体添加如下代码：

```
Option Explicit
Dim n As Integer
Private Sub MDIForm_Click()
        Caption = "下面开始排列子窗体"  '设置父窗体的标题
        n = Val(InputBox("请输入子窗体的排列方式(0~3)", "输入框"))
        MDIForm1.Arrange n                '按照用户输入的值n来排列子窗体
End Sub
```

（15）运行、调试并保存工程。单击工具栏上的"启动"按钮，运行 MDI 程序。

① 在"实验一窗体 1"的窗体中选择一个文本文件，双击它，立即显示"实验一窗体 2"窗口，如图 8.6 所示。

② 再在"实验一窗体 1"的窗体中选择一个图片文件，双击它，立即显示"实验一窗体 3"窗口，如图 8.7 所示。

<table>
<tr><td>图 8.6　选择文本文件的 MDI 窗口</td><td>图 8.7　选择图形文件的 MDI 窗口</td></tr>
</table>

③ 在 MDIForm1 窗体的空白处单击，出现输入对话框，如图 8.8 所示。在对话框中输入 "2"，单击 "确定" 按钮，则子窗体进行垂直排列，结果如图 8.9 所示。

【思考与练习】

1. 多文档窗体（MDI）和多重窗体有什么区别？

2. 怎样建立 MDI 窗体和 MDI 子窗体？如何区分 MDI 窗体和 MDI 子窗体？如何区分 MDI 子窗体和普通窗体？

图 8.8　输入对话框

图 8.9　子窗体的垂直排列

3. MDI 窗体的多个子窗体可以按哪几种方式排列？

4. 文件系统控件的相关事件是什么？

5. 建立一个简单文档编辑器。该编辑器能够建立、编辑文本文件；能够处理剪切、复制及粘贴操作；能够改变字体、颜色；能够按不同的方式排列打开窗口。MDI 窗体的菜单见表 8.2。

表 8.2　　　　　　　　　　　　　　　MDI 窗体菜单

主 菜 单	子 菜 单
文件	新建
	打开
	保存
	退出
编辑	剪切
	复制
	粘贴
格式	字体
	颜色
窗口	水平平铺
	垂直平铺
	层叠

65

实验 2 文件的基本操作

【实验目的】

通过本次实验，掌握文件的打开与读写方法。

【实验要求】

掌握 Visual Basic 6.0 中顺序文件的读、写以及字符串的排序等常用操作。

【实验内容】

设计一个应用程序对打开的文件按"字典"排序，将排序的结果在窗体中显示并写入文本文件 Output.txt 中。

【实验步骤】

顺序文件操作包括：打开文件（Open 语句）、读（Input 语句）、写（Print#语句、Write#语句）文件、关闭文件（Close #语句）；语法如下。

打开文件：Open Pathname For Mode As［＃］Filenumber。

Pathname：指定文件名，该文件名可能还包括目录、文件夹及驱动器。

Mode：指定文件方式，有 Append（添加）、Input（读）、Output（写）等方式。

Filenumber：一个有效的文件号。

读文件：Input#语句 Input # Filenumber，Varlist。

Filenumber：任何有效的文件号。

Varlist：用逗号分界的变量列表，将文件中读出的值分配给这些变量。

Line Input #语句：从已打开的顺序文件中读出一行并将它分配给 String 变量。

写文件：Print#语句以区域识别的格式将数据输出到文件里，就像数据显示到屏幕上一样；Write#语句也是以固定的格式将数据输出到文件，并保证这些数据在任何区域里都能用 Input#语句从文件中读取。

关闭文件：Close #文件号。

操作步骤：

（1）在 C 盘根目录下创建"第 8 章实验二"文件夹。

（2）在文件夹中建立工程文件"实验二工程 1.VBP"，并在工程中建立窗体文件"实验二窗体 1.FRM"。

（3）在窗体上添加 3 个标签、2 个文本框、1 个公用对话框，按照表 8.3 所示设置对象的属性。

表 8.3   设置对象的属性

对象（名称）	属 性	属 性 值	说 明
Form1	名称	实验二窗体 1	
	Caption	文件处理实验	设置标题文字
Label1	Caption	请通过"文件"菜单打开源数据文件并排序	
Label2	Caption	源数据文件	提示标签
Label3	Caption	排序结果文件	提示标签
Text1	Scrollbars	3-Both	有水平与垂直滚动条
	Multiline	True	允许接受多行文本
	Texl	置空	

续表

对象（名称）	属　　性	属　性　值	说　　明
Text2	Scrollbars	3-Both	有水平与垂直滚动条
	Multiline	True	允许接受多行文本
	Text	置空	
Commondialog1	名称	Commondialog1	公用对话框对象

（4）见表8.4，设置在窗体上建立菜单对象。窗体控件和菜单控件设置好后的界面如图8.10所示。

表8.4　　　　　　　　　　　　　　设置菜单对象属性

主　菜　单　项	子　菜　单　项	Name（名称）	说　　明
文件		文件	文件菜单
	打开	打开	打开源文件
	排序	排序	文件排序
	—	FGT	分隔条
	退出	退出	退出应用程序

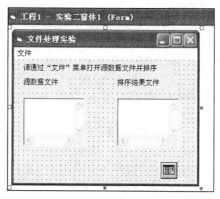

图8.10　窗体的设计

（5）编写代码如下：

```
Public alltextforsort $, sorttext $, outdir $        '说明用于存储排序数据的字符串

Private Sub Form_Load()
    alltextforsort $ = ""                            '排序数据的字符串为空
End Sub

'菜单"打开"实现打开选定的文件，程序如下：
Private Sub 打开_Click()                              '"打开"菜单程序
Wrap $ = Chr $(13) + Chr $(10)                       '回车与换行
'限制扩展名为 Txt 文件为选定对象
CommonDialog1.Filter = "文本文件 (*.txt) |*.txt"
CommonDialog1.ShowOpen            '调用公用对话框的 Show()pen 方法选定文件
If CommonDialog1.FileName< > ""Then
    Open CommonDialog1.FileName For Input As # 1'打开选定文件
    On Error GoTo error_line                          '出错处理
    Do Until EOF(1)                                   '将文件读到字符串 alltextforshow$中去
```

```
         Line Input # 1, lineoftext $              '读取一行
         alltextforshow $ = alltextforshow $ & lineoftext $ & Wrap $        '加回车换行
         alltextforsort $ = alltextforsort $ & lineoftext $ & Space $(1)     '加空格
         Loop
    '显示打开的文件名
         Label1.Caption = "打开的文件为："&CommonDialog1.FileName &"用菜单排序"
                                                              '显示打开的文件名
         Label1.FontSize = 10
         Text1.Text = alltextforshow $                     '用文本框显示打开的文件内容
         打开.Enabled = False                               '不允许打开其他文件
         排序.Enabled = True                                '允许排序
    End If
         GoTo end_line
error_line:
         aa = MsgBox("错误报告", vbOKOnly)
end_line:
Close(1)                                                  '关闭已打开的文件
End Sub
    '用公用对话框选择文件，以顺序方式打开，
    '将文件的内容读到变量 alltextforshow $（包括回车与换行）
    '由文本框 Text1 显示，同时文件内容读到全局变量 alltextformrt $,
    '去掉回车与换行以备"排序"菜单进行排序。
    '对打开的文件排序
    '菜单"排序"实现对打开的文件排序，程序如下：
Private Sub 排序_Click()
         Dim word $()               '说明数组用语存储单词
         Dim wordnumber As Integer        '单词个数
         Text2.Text = "正在排序，请稍等……          " '显示等待提示
Me.Refresh
Wrap $ = Chr$(13)+Chr$(10)
wordnumber = 1

textcount = Len(alltextforsort $)                  '整个文件的字符个数
ReDim word $(textcount)                            '重新定义单词数组
    '统计单词个数并将每个单词存入 word $数组中
For i = 1 To textcount
If Mid $(alltextforsort $, i, 1) < >""Then
word $(wordnumber) = word $(wordnumber) & Mid $(alltextforsort $, i, 1)
Else
If Mid $(alltextforsort $, i+1, 1)< >""Then
wordnumber = wordnumber+1
End If
End If
Next i

    '源文件的路径名
outdir $ = CommonDialog 1. FileName
For i = Len(outdir $)To 1 Step-1
If Mid $(outdir $, i, 1) = "\"Then Exit For
```

```
Next i
outdir $ = Left $(outdir $, i)
'打开文件写入已排序的文件
Open outdir $ &"output.txt"For Output As #2
'对单词按由小到大的顺序排序

For i = 1 To wordnumber-1

For j = i+1 To wordnumber
If word $(i)>word$(j)Then
temp $ = word $(i)
word $(i) = word $(j)
word $(j) = temp $
End If
Next j
Next i

'排序的结果以每行 5 个单词显示，并写入文件"output.txt"文件中
For i = 1 To wordnumber
sorttext $ = sorttext $ & word(i)& ""
If i Mod 5= 0 Then
sorttext $ = sorttext $ & Wrap $
End If
Next i
Print #2, sorttext $
Text2.Text = sorttext $      '将排序的结果送文本框 Text2 显示
Label3.Caption ="排序结果"&""&"共有单词"& Trim(Str $(wordnumber))&"个"
打开.Enabled = True
排序.Enabled = False
Close(2)
End Sub
'排序的方法是将全局变量 alltextforsort $以空格为分隔符分解为单词存入字符串数组 word $()中。
'采用排序算法对 word $()元素按由小到大排序，排序的结果在 sorttext $变量中存储。
'由打开源文件的全名（包括路径与文件名）得出打开文件的路径存入变量 outdir $中。
'在该路径中打开顺序文件 output.txt 将排序结果字符串 sorttext $写入该文件中。

Private Sub退出_Click()'"退出"菜单程序
End
End Sub
```

（6）运行、调试并保存工程。单击工具栏上的"启动"按钮，运行程序，单击主菜单"文件"下的子菜单"打开"命令，打开一个选定的文本文件，再单击"排序"命令，便可以将文件中的单词排序，并且保存在"output.txt"文本文件中，如图 8.11 所示。

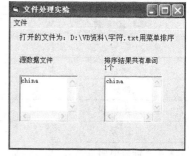

图 8.11　排序的结果显示

【思考与练习】

1. 如果希望按字符串由大到小的顺序排列输出，程序如何处理？

2. 设计一个记事本用于编辑文本文件。

第9章
数据库编程

实验　Visual Basic 6.0 中利用 Data
控件访问数据库

【实验目的】
掌握 Visual Basic 6.0 中利用 Data 控件访问数据库的方法。

【实验要求】
掌握 Visual Basic 6.0 中，如何使用 Data 控件访问 Microsoft Access 数据库中存储的信息。

【实验内容】
设计一个同学录应用程序，完成对数据库的添加、删除、查找与修改。

【实验步骤】
同学录的制作分为两个步骤：数据库的创建；利用 Data 控件访问数据库。

操作步骤：

（1）在 C 盘根目录下创建"第 9 章实验一"文件夹。

（2）创建数据库。可以利用 Microsoft Access 97 或者利用 Microsoft Access 2000 创建以后转变成 Microsoft Access 97 格式。

在"第 9 章实验一"文件夹中创建 Stu-dent. mdb 数据库，在数据库中创建一个名为 message 的数据表，数据表的结构见表 9.1。

表 9.1　　　　　　　　　　　　数据库中"message"表的结构设计

字　段　名	数　据　类　型	大　　小	固　　定
编号	文本	12	是
姓名		8	
性别		2	
出生日期	日期／时间		
班级	文本	10	否
联系电话		15	
业余爱好		50	

（3）在文件夹中建立工程文件"实验一工程 1.VBP"，并在工程中建立窗体文件"实验一窗体 1.FRM"。

（4）在窗体上添加 8 个标签、7 个文本框、5 个命令按钮、1 个 Data 控件，如图 9.1 所示，按照表 9.2 所示设置对象的属性，设置好的窗体如图 9.2 所示。

表 9.2　　　　　　　　　　　　　　　　设置对象的属性

对象（名称）	属　　性	属　性　值	说　　明
Form1	名称	实验一窗体 1	
	Caption	同学录	设置标题文字
Data1	Database Name	C:\第 9 章实验一\Student.mdb	设置数据源的名称和位置
	RecordSource	message	
Label1	Caption	编号	提示标签
Label2	Caption	姓名	提示标签
Label3	Caption	性别	提示标签
Label4	Caption	出生日期	提示标签
Label5	Caption	班级	提示标签
Label6	Caption	联系电话	提示标签
Label7	Caption	业余爱好	提示标签
Label8	Caption	个人照片	提示标签
Text1	DataSource	Data1	数据控件 Data1
	DataField	编号	绑定编号字段
Text2	DataSource	Data1	数据控件 Data1
	DataField	姓名	绑定姓名字段
Text3	DataSource	Data1	数据控件 Data1
	DataField	性别	绑定性别字段
Text4	DataSource	Data1	数据控件 Data1
	DataField	出生日期	绑定出生日期字段
Text5	DataSource	Data1	数据控件 Data1
	DataField	班级	绑定班级字段
Text6	DataSource	Data1	数据控件 Data1
	DataField	联系电话	绑定联系电话字段
Text7	DataSource	Data1	数据控件 Data1
	DataField	业余爱好	绑定业余爱好字段
	Multiline	True	允许接受多行文本
	Scrollbars	2-Vertreal	有垂直滚动条
Command1	Caption	添加（&A）	添加记录
Command2	Caption	删除（&D）	删除记录
Command3	Caption	刷新（&R）	刷新记录
Command4	Caption	更新（&U）	更新记录
Command5	Caption	查询（&X）	按编号查询记录

图 9.1　添加好控件的窗体　　　　　　　　图 9.2　设置好属性的窗体

（5）编写代码如下：

```
Private Sub Commandl_Click()
  Data1.Recordset.AddNew
End Sub

Private Sub Command2_Clic k()
  '如果删除记录集的最后一条记录
  '记录或记录集中唯一的记录
  S=MsgBox("Ⅳ确实要删除这条记录吗?", vbQuestion+vbOKCancel)
  If S=1 Then
  Data1.Recordset.Delete
  Data1.Recordset.MoveNext
  End If
End Sub

Private Sub Command3_Click()
'这仅对多用户应用程序才是需要的
  Datal.Refresh
End Sub

Private Sub Command4_Click()
If Textl< >""Then
  Datal.UpdateRecord
  Datal.Recordset.Bookmark=Datal.Recordset.LastModified
End If
End Sub

Private Sub Command5_Click()
    mno=InputBox$("Ⅳ请输入编号", "查询窗口")
    Data1.Recordset. FindFirst"编号 like'"&mno&"
    If Data1.Recordset.NoMatch Then MsgBox"无此编号!", "提示"
End Sub


Private Sub Data1Error(DataErr As Integer, Response As Integer)
  '这就是放置错误处理代码的地方
```

```
        '如果想忽略错误，注释掉下一行代码
        '如果想捕捉错误，在这里添加错误处理代码。
        MsgBox"数据错误事件命中错误："& Error$(DataErr)
        Response=0                '忽略错误
    End Sub

    Private Sub DatalReposition()
        Screen. MousePointer=vbDefault
        On Error Resume Next
        '这将显示当前记录位置
        '为动态集和快照
        Datal.Caption="记录:" & (Datal.Recordset.AbsolutePosition+1)
    End Sub

    Private Sub DatalValidate(Action As Integer, Save As Integer)
        '这是放置验证代码的地方
        '当下面的动作发生时，调用这个事件
    Select Case Action
        Case vbDataActionMoveFirst
        Case vbDataActionMovePrevious
        Case vbDataActionMoveNext
        Case vbDataActionMoveLast
        Case vbDataActionAddNew
        Case vbDataActionUpdate
        Case vbDataActionDelete
        Case vbDataActionFind
        Case vbDataActionBookmark
        Case vbDataAetionClose
    End Select
        Screen.MousePointer=vbHourglass
    End Sub
```

（6）运行、调试并保存工程。单击工具栏上的"启动"按钮，运行程序，下面分几步进行调试。

① 记录的添加：第一次运行或单击"添加"按钮可以添加新的记录，分别输入编号、姓名、性别、出生日期、班级、联系电话、业余爱好。单击"更新"按钮，保存记录，如图 9.3 所示。

② 记录的删除：删除记录可以单击"删除"按钮，在弹出的对话框中单击"确定"按钮即可，单击"取消"按钮则放弃删除。

③ 记录的修改：直接修改，单击"更新"按钮即可。

④ 记录的查询：单击"查询"按钮，会弹出"查询窗口"对话框，输入编号，单击"确定"按钮，即可查询。

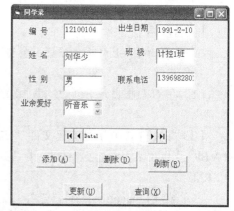

图 9.3　添加记录

⑤ 记录的浏览：单击 Data 控件上的左右箭头即可浏览。

【思考与练习】

1. Recordset 对象有哪些属性、事件与方法？

2. 将实验程序改进，使它能够按"姓名"、"班级"等方式查询。

第10章
使用 ActiveX 控件

实验　Visual Basic 6.0 中使用 ActiveX 控件

【实验目的】

通过本实验掌握 ImageList、ToolBar、ProgressBar 以及 Animation 控件常用属性、事件及方法的使用与编程。

1. 通过实验掌握 ImageList 控件的应用；
2. 通过实验掌握 ToolBar 控件的应用；
3. 通过实验掌握 ProgressBar 控件的应用；
4. 通过实验掌握 Animation 控件的应用。

【实验内容】

1. 应用 ImageList 控件设计一个在窗体中显示绿、蓝、红 3 种颜色图片的应用程序；
2. 应用 ToolBar 控件设计一个通过"工具条"按钮改变窗体中的字体的应用程序；
3. 应用 ProgressBar 控件设计一个由"进度条"显示倒计时 1 分钟的进度的应用程序；
4. 应用 Animation 控件设计一个播放 AVI 文件的应用程序。

【实验步骤】

1. 应用 ImageList 控件设计一个在窗体中显示绿、蓝、红 3 种颜色图片的应用程序

操作步骤：

（1）在 C 盘根目录下创建"第 10 章实验一"文件夹。

（2）在文件夹中建立工程文件"实验一工程 1.VBP"，并在工程中建立窗体文件"实验一窗体 1.FRM"。

（3）装载 ImageList 控件。选择"工程"菜单的"部件"子菜单，弹出如图 10.1 所示窗口。选中 Microsoft Windows Common Controls 6.0 复选框，单击"确定"按钮，在控件工具箱将会添加 ImageList 控件。

（4）利用画图程序创建 3 个位图文件，具有绿

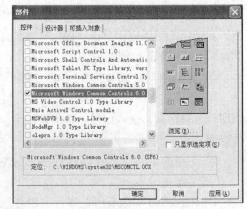

图 10.1　装载 ActiveX 控件

色的"绿色.bmp"，具有蓝色的"蓝色.bmp"，具有红色的"红色.bmp"，分别保存到"第 10 章实验一"的文件夹中。

（5）在窗体上添加 1 个标签、1 个图像框、1 个计时器控件、一个 ImageList 控件，如图 10.3 所示，按照表 10.1 所示设置对象的属性。其中 ImageList 对象的属性设置如下。窗体中选中 ImageList 对象，右键弹出快捷菜单，选"属性"子菜单，窗口如图 10.2 所示。选择"图像"选项卡，单击"插入图片"按钮依次插入"绿色.bmp"、"蓝色.bmp"、"红色.bmp"，单击"确定"按钮。

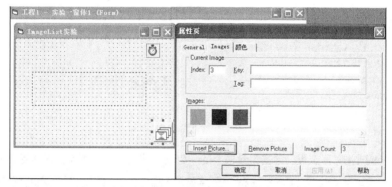

图 10.2　ImageList 对象的属性设置

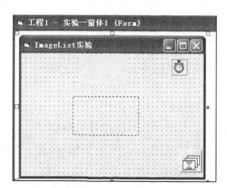

图 10.3　添加控件后的窗体图

表 10.1　　　　　　　　　　　　设置对象的属性

对象（名称）	属　性	属　性　值	说　明
Formlor	名称	实验一窗体 1	
	Gaption	ImageList 实验	设置标题文字
Label1	Font	宋体一号字	显示"红、绿、蓝"提示文字标签
Timer1	Interval	1 000	每秒切换一幅图片
ImageList1			

（6）编写代码如下：

```
Public i As Single

Private Sub Form_Load()
i=1                        j设置初始值1
End Sub
```

```
Private Sub Timerl_Timer()
'每秒钟改变一次颜色，I=1 为绿色，i=2 为蓝色，i=3 为红色
'每 Timer 事件改变一次 i 的值
    i=i+1'                    改变 i 的值
    If i=4 Then i=l
' 表示当前的图片为 ImageList1 对象属性设置的第 i 幅图片？
    Imagel.Picture=ImageListl.Listlmages(i).Picture
'调出 i 对应的颜色图片

    Select Case I                '根据 i 的不同显示不同的文字提示
    Case 1
        Label1.Caption="绿"
    Case 2
        Label1.Caption="蓝"
    Case 3
        Label1.Caption="红"
    End Select
End Sub
```

（7）运行、调试并保存工程。单击工具栏上的"启动"按钮，运行程序，程序界面如图 10.4 所示。

2．应用 ToolBar 控件设计一个通过"工具条"按钮改变窗体中字体的应用程序

操作步骤：

（1）在"第 10 章实验一"的文件夹中建立工程文件"实验一工程 2.VBP"，并在工程中建立窗体文件"实验一窗体 2.FRM"。

（2）装载 ToolBar 控件，方法同前。

（3）在窗体上添加一个标签，一个 ToolBar 控件；将窗

图 10.4　程序运行时的界面

体的 Caption 设为 ToolBar 实验，将标签的字体设为宋体、48 点，其中 ToolBar 控件属性设置如下。

窗体中选中 ToolBar1 对象，右键弹出快捷菜单，选"属性"子菜单，选择"按钮"选项卡，单击"插入按钮（N）"按钮，将"标题"属性设为"黑体"，窗口如图 10.5 所示。单击"应用"按钮，用同样的方法插入"宋体"按钮；选择属性页上的"通用"选项卡，设置"文本对齐"为 1-tbrText AlignRight（右对齐），单击"应用"按钮，单击"确定"按钮。

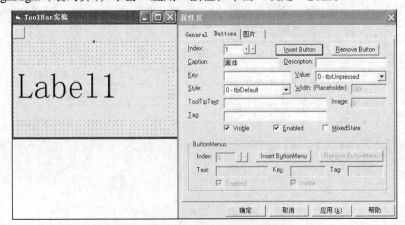

图 10.5　设置 ToolBar1 对象的属性页

（4）编写代码如下。

```
Private Sub Toolbar l_ButtonClick(ByVal Button As MSComctlLib.Button)
'单击按钮 1(黑体)，Label 标签显示Ⅳ黑体"
  If Button.Index=1 Then
        Label1.Caption="黑体"
        Label1.Font.Name="黑体"
End If

'单击按钮 2(宋体)，Label 标签显示"宋体"
  If Button.Index=2 Then
        Label1.Caption="宋体"
        Label1.Font.Name="宋体"
  End If
End Sub
```

（5）运行、调试并保存工程。单击工具栏上的"启动"按钮，运行程序，单击"黑体"按钮，程序界面如图 10.6 所示。

3. 应用 ProgressBar 控件设计一个由"进度条"显示倒计时 1 分钟的进度的应用程序

操作步骤：

（1）在"第 10 章实验一"的文件夹中建立工程文件"实验一工程 3.VBP"，并在工程中建立窗体文件"实验一窗体 3.FRM"。

（2）装载 ProgressBar 控件，方法同前。

（3）在窗体上添加 2 个标签、1 个计时器、1 个命令按钮、1 个 ProgressBar 控件；按照表 10.2 所示设置对象的属性，属性设置好的界面如图 10.7 所示。

图 10.6　程序运行后的窗体

表 10.2　　　　　　　　　　　设置对象的属性

对象（名称）	属　　性	属　性　值	说　　明
Form1	名称	实验一窗体 3	
	Caption	ProgressBar 实验	设置标题文字
Label1	Caption	一分钟倒计时进度显示	
Label2	BorderStyle	1-Fixed Single	
Timer1	Interval	100	每 0.1 秒触发一次 timer 事件
	Enabled	False	单击"开始"按钮前不可用
Command1	Caption	开始	开始计时命令按钮
ProgressBar1			进度条对象

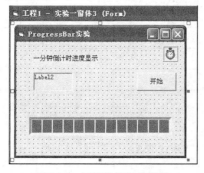

图 10.7　属性设置好的界面

（4）编写代码如下：

```
Private Sub Command 1 Click()
    ProgressBar1.Min=0
    ProgressBar1.Max=600                              '表示 timer 事件 600 次到一分钟
    ProgressBar1.Value=ProgressBar1.Max               '从最大开始倒计时
    Timer1.Enabled=True
    Label2.Caption="60.0 秒"
End Sub

Private Sub Timer1_Timer()
    ProgressBar1.Value=ProgressBar1.Value - 1'进度条减一(0.1 秒)
    Label2.Caption=Trim(Str$(ProgressBar1.Value/10))&"秒"          '显示剩余时间
    If ProgressBar1.Value=0 Then                       '时间到，显示提示，停止计时
    op=MsgBox("计时时间到", vbOKOnly)
    Timer1.Enabled=False
    End If
End Sub
```

（5）运行、调试并保存工程。单击工具栏上的"启动"按钮，运行程序，单击"开始"按钮，
程序界面如图 10.8 所示。

4. 应用 Animation 控件设计—播放 AVI 文件的应用程序

（1）在"第 10 章实验一"的文件夹中建立工程文件"实
验一工程 4.VBP"，并在工程中建立窗体文件"实验一窗体
4.FRM"。

（2）装载 ProgressBar 控件方法同前。装载 Animation
控件，它在 Microsoft Windows Common Control-2 6.0 中。

（3）将 C:\Program Files\Microsoft Visual Studio\Common\
Graphics\Videos\BLUR8.AVI 复制到"C:\第 10 章实验一"文
件夹下。

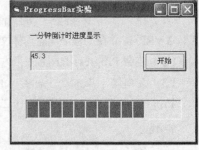

图 10.8　程序运行后的界面

（4）在窗体上添加 1 个计时器、1 个命令按钮、1 个 ProgressBar 控件、1 个 Animation 控件；
按照表 10.3 所示设置对象的属性，属性设置好的界面如图 10.9 所示。

表 10.3　　　　　　　　　　　　　　　设置对象的属性

对象（名称）	属　性	属　性　值	说　明
Form1	名称	实验一窗体 4	
	Caption	Animation 实验	设置标题文字
Timer1			默认值
Command1	Caption	开始	开始计时命令按钮
ProgressBar1			进度条对象
Animation1			默认

（5）编写代码如下：

```
Private Sub Command1_Click()
    Animation1.Open("C: \第 10 章实验一\BLUR8.AVI")
    Timer1.Enabled=True
    Animation1.Play
```

```
   ProgressBar1.Value=0
   ProgressBar1.Visi ble=True
End Sub

Private Sub Form_Load()
  Timer1.Interval=100
  Timer1.Enabled=False
  ProgressBar1.Visible=False
End Sub

Private Sub Timer1_Timer()
  If ProgressBar1.Value<100 Then
    ProgressBar1.Value=ProgressBar1.Value+1
Else
    ProgressBar1.Visible=False
    Animation1.Close
    MsgBox"实验完毕", vbOKOnly, "提示"
    Timer1.Enabled=False
    End
  End If
End Sub
```

（6）运行、调试并保存工程。单击工具栏上的"启动"按钮，运行程序，单击"开始"按钮，程序界面如图 10.10 所示。

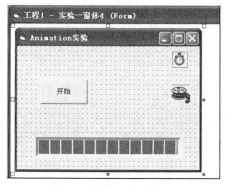

图 10.9　属性设置好的界面

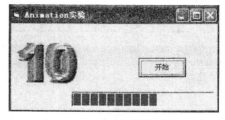

图 10.10　程序运行后的界面

【思考与练习】

1. 用 ImageList 控件设计连续显示 7 张图片的程序，切换的时间间隔由用户设定。

2. 设计用工具栏打开指定类型文件的程序。

3. 设计一个播放电影媒体文件的播放器。

4. 上网或者用其他的方法查找能够播放 MP3 的 ActiveX 控件，利用它自己设计一个 MP3 播放器。

第二部分
Visual Basic 程序设计综合实验

综合实验 1　图片文件浏览器

综合实验 2　排列数字游戏

综合实验 3　导弹拦截游戏

综合实验 4　7 种常见的排序算法

综合实验 5　会旋转的窗体

综合实验 1
图片文件浏览器

【实验目的】

通过本实验掌握 Visual Basic 6.0 中常用内部控件的综合应用。

【实验要求】

掌握 Visual Basic 6.0 中常用内部控件的综合应用。

【实验内容】

建立一个图形浏览器，如图综合.1 所示。

1. 驱动器列表框、目录列表框、文件列表框的使用与关联；

2. 标签、框架、单选按钮控件数组的使用；

3. 图片框 PictureBox、水平滚动条和垂直滚动条等控件的"捆绑"使用。

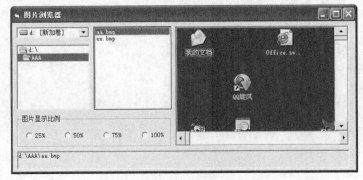

图综合.1　图片浏览器运行界面

当用鼠标在文件列表框选择一个图片文件后，标签内显示所选择文件的绝对路径及该文件名，图片框内显示该文件的图形。使用滚动条可移动图片以便观看全部，使用单选按钮组可控制显示图片的百分比。

【实验步骤】

程序说明：

（1）在 Visual Basic 中，当改变图形对象的 Left 或 Top 属性时，图形对象将在存放它的容器内移动位置。

（2）如果使用滚动条来控制图形对象的 Left 或 Top 值的变化，当设置 Left 或 Top 为滚动条滑块当前值时，图形对象移动方向与滚动条滑块移动的方向相同。当设置 Left 或 Top 为滚动条滑块当前值的负数时，两者的移动方向正好相反，形成图形相对移动。

（3）图形移动的必要条件是图片框上只能显示图形的一部分。

（4）当图片框能在水平或垂直方向显示该方向全部图形时，在这个方向上就不需要出现滚动条，否则设置滚动条在图片框的下方与右边。

（5）滚动条可卷动的区域为显示该图片的图片框 Picture2 的宽（高）与作为容器的图片框Picture1 的宽（高）之差。

操作步骤：

（1）在 C 盘根目录下创建"综合实验一"文件夹。

（2）在"综合实验一"文件夹中建立工程文件"实验一工程 1.VBP"，并在工程中建立窗体文件"实验一窗体 1.FRM"。

（3）在窗体上添加 1 个驱动器列表框、1 个目录列表框、1 个文件列表框、1 个标签、1 个框架、1 个含有 4 个元素的单选按钮控件数组、2 个图片框、1 个水平滚动条、1 个垂直滚动条，如图综合.2 所示；按照表综合.1 所示设置对象的属性，属性设置好的界面如图综合.1 所示。

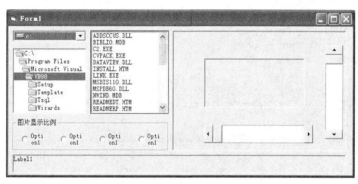

图综合.2　添加控件的窗体

表综合.1　　　　　　　　　　　　设置对象的属性

对象（名称）	属　性	属　性　值	说　明
Form1	名称	实验一窗体 1	
	Caption	图片浏览器	设置标题文字
Drive1		默认	
Dir1			
File1			
Label1	Caption	置空	
	BorderStyle	1-Fixed Single	
Frame1	Caption	显示图片比例	
Option1（0）	Caption	25%	包含在框架中
Option1（1）	Caption	50%	包含在框架中
Option1（2）	Caption	75%	包含在框架中
Option1（3）	Caption	100%	包含在框架中
	Vaiue	True	
Picture1		默认	在下面
Picture2		默认	包含在 Picture1 中
Hscroll1		默认	包含在 Picture1 中
Vseroll1		默认	包含在 Picture1 中

（4）编写代码如下：

'1. 在通用声明中输入以下语句：

```
Option Explicit
Dim sngWidth As Single, sngHeight As Single   '存图片原始宽、高
```

'2. 窗体 Form 的 Load 事件代码为：

```
Private Sub Form_Load()
Filel.Pattern="*.emf;*.wmf;*.jpg;*.jpeg;"&"*.bmp;*.dib;*.gif;_*.gfa;*.ico;*.cur" '
设置文件过滤
Picture2.AutoSize = True
Picture2.Move 0,0                             '移图形框到坐标原点
HVScroll
HScroll1.ZOrder 0                             '将水平滚动条与垂直滚动条放在图形框前
VScroll1.ZOrder 0
HScroll1.LargeChange = 100
HScroll1.SmallChange = 30
VScroll1.LargeChange = 100
VScroll1.SmallChange = 30
End Sub
```

'3. 定义通用过程 HVScroll 控制滚动条的位置和宽度、最大、最小属性及可见性，代码如下：

```
Private Sub HVScroll()
'定义水平滚动条 Hscroll1 的位置和宽度、最大、最小属性及可见性
    HSeroll1.Left = 0:HScroll1.Top = Picture1.ScaleHeight - HScroll1.Height
    HScroll1.Width = Picture1.ScaleWidth' - VScroll1.Width
    HScroll1.Max = Picture2.Width - Picturel.ScaleWidth        '滚动条卷动值
    HScroll1.Visible = (Picture2.Width > Picturel.ScaleWidth)
'定义垂直滚动条 VScroll1 的位置和高度、最大、最小属性及可见性
    VScroll1.Top = 0:VScroll1.Left = Picture1.ScaleWidth - VScroll1.Width
    VScroll1.Height = Picture1.ScaleHeight - HScroll1.Height
    VScroll1.Max = (Picture2.Height - Picture1.ScaleHeight)
    VScroll1.Visible = (Picture2.Height > Picture1.ScaleHeight)
End Sub
```

'4. 驱动器列表框、目录列表框和文件列表框的 Change 事件代码为：
'在驱动器列表框选择新驱动器后。Drive1 的 Drive 属性改变，触发 Change 事件。

```
Private Sub Drive1_Change()
    On Error Resume Next              '出错执行下一句
    Dir1.Path = Drive1.Drive          '将驱动器盘符赋予目录列表框 Path 属性
    If Err.Number Then                '若有错误发生（如软驱中无磁盘）
        MsgBox"设备未准备好! ", vbCritical
    End If
End Sub
```

'目录列表框 Path 属性改变时触发 Change 事件。

```
Private Sub Dir1_Change()
    File1.Path = Dir1.Path            '使文件列表框与目录列表框的 Path 属性同步
End Sub
```

'在文件列表框中选择文件

```
Private Sub File1_Click()
```

```
    Dim fName As String                    '取文件全路径
    If Right $(File1.Path.1)= "\" Then
        fName = File1.Path & File1.FileName
    Else
        fName = File1.Path & "\"& File1.FileName
    End If
    Picture2.Picture = LoadPicture(fName)    '加载图片文件
    Label1.Caption = fName
    sngWidth = Picture2.Width                 '存图片框 2 原始宽、高
    sngHeight = Picture2.Height
End Sub
```

'5. 单选按钮组 Option1 的 Click 事件代码为:
```
Private Sub Option1_Click(Index As Integer) '选择显示比例
    Picture2.Width = sngWidth * Val(Option1(Index).Caption)/100
    Picture2.Height = sngHeight * Val(Option1(Index).Caption)/100
End Sub
```

'6. 滚动条的事件代码为:
```
Private Sub picture2_Resize()
    HVScroll
End Sub

Private Sub HScroll1_Change()
    Picture2.Left = -HScroll1.Value
End Sub
Private Sub HScroll1_Scroll()
    Picture2.Left = -HScroll1.Value
End Sub
Private Sub VScroll1_Change()
    Picture2.Top = -VScroll1.Value
End Sub
Private Sub VScroll1_Scroll()
    Picture2.Top = -VScroll1.Value
End Sub
```

（5）运行、调试并保存工程。单击工具栏上的"启动"按钮，运行程序，利用驱动器列表框、目录列表框、文件列表框找到一张图片，该图片将会在图片框中显示出来，程序界面如图综合.1所示。

综合实验 2
排列数字游戏

【实验目的】

通过本实验掌握 Visual Basic 6.0 中控件数组的使用和鼠标的拖放技术。

【实验要求】

掌握 Visual Basic 6.0 中控件数组的使用和鼠标的拖放技术。

【实验内容】

建立一个排列数字游戏，如图综合.3 所示。用户利用其中的一个空格移动数字，每一次只能移动与空格相邻的数字，达到数字顺序排列的效果。

图综合.3　排列数字游戏的设计界面与运行结果比较

【实验步骤】

程序说明：

这是一个数据移动游戏，利用标签控件数组实现数据交换。要制作 3×3 的九宫界面，先设计定制一个控件数组元素 Label1(0)，大运行时通过控件数组的特性生成其他元素，大鼠标拖放时实现源标签与目标标签的交换。

操作步骤：

（1）在 C 盘根目录下创建一名为"综合实验二"的文件夹。

（2）在"综合实验二"的文件夹中建立工程文件"实验一工程 1.VBP"，并在工程中建立窗体文件"实验一窗体 1.FRM"。

（3）大窗体上添加一个标签控件数组元素 Label1(0)，将标签控件 Label1 的 Index 属性设为"0"即可，将 BorderStyle 属性设为"1-Fixed Single"，DragMode 属性设为"1-Auto-Size"，Caption 属性置空，Font 设为宋体、加粗、初号，Alignment 设为 2-Center；将窗体的 Caption 属性设为"排列数字游戏"，如图综合.3 所示。

（4）编写代码如下：

1. 窗体 Form 的 Load 事件代码为：

```
Private Sub Form_Load()        '在窗体上建立 3*3 的方格
Label1(0).Height = Label1(0).Width
For I = 1 To 8
  Load Label1(I)
  If I Mod 3 = 0 Then
     Label1(I).Top = Label1(I - 1).Top + Label1(I - 1).Height
     Label1(I).Left = Label1(0).Left
  Else
     Label1(I).Top = Label1(I - 1).Top
     Label1(I).Left = Label1(I - 1).Left + Label + Label1(I - 1).Width
  End If
     Label1(I).Visible = True
  Next
'将 8（1～8）个数字随机地放入方格中
Randomize
For I = 1 To 8
  k = Int((Rnd * 9))
  If Val(Label1(k).Caption) = 0 Then
     Label1(k).Caption = I
  Else
'label1(k)已有数字，则从 label1(0)开始顺序查找寻找空的方格
     For j = 0 To 8
       If Val(Label1(j).Caption) = 0 Then
          Label1(j).Caption = I
          Exit For
       End If
     Next
    End If
Next
End Sub


Private Sub label1_DragDrop(Index As Integer, Source As Control, X As Single, Y As Single)
If Abs(Source.Index - Index) = 1 Or Abs(Source.Index - Index) = 3 Then
    If Label1(Index).Caption = "" Then
       term = Source.Caption                          '标签控件数组两相邻元素交换数字
       Source.Caption = Label1(Index).Caption         '实现源标签与目标标签的交换
       Label1(Index).Caption = term
       flag = True
    End If
    For I = 0 To 7                                    '数字是否安排好
      If Val(Label1(I).Caption) <> I + 1 Then flag = False
    Next
    If flag Then MsgBox "恭喜你过关！"
  End If
End Sub
```

（5）运行、调试并保存工程。单击工具栏上的"启动"按钮，运行程序，将图综合.3 中的第 2 幅图移动成第 3 幅图。

【实验目的】

通过本实验掌握 Visual Basic 6.0 中常用控件和鼠标事件的应用。

【实验要求】

掌握 Visual Basic 6.0 中常用控件和鼠标事件的应用。

【实验内容】

该实验要求完成设计一个模拟导弹拦截的小游戏，具体要求如下。

如图综合.4 所示，"飞毛腿"导弹横向变速飞行，"爱国者"导弹纵向向上飞行，移动鼠标确定"爱国者"的发射位置，按下鼠标器确定"爱国者"的飞行速度，松开鼠标发射"爱国者"导弹。窗体中显示发射次数与击中次数。

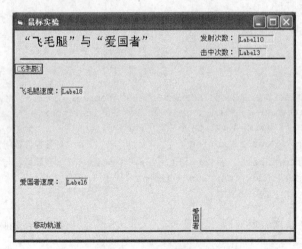

图综合.4　导弹拦截游戏

【实验步骤】

操作步骤：

（1）在 C 盘根目录下创建"综合实验三"文件夹。

（2）在"综合实验三"文件夹中建立工程文件"实验—工程 1.VBP"，并在工程中建立窗体文件"实验—窗体 1.FRM"。

（3）在窗体上添加 2 个命令按钮、11 个标签、3 个计时器，对象的属性设置见表综合.2，属性设计好的窗体如图综合.5 所示。

表综合.2 设置对象的属性

对象（名称）	属 性	属 性 值	说 明
Form1	Caption	鼠标实验	标题
	Height	5 676	设置固定的窗体大小
	Width	7 308	便于导弹飞行控制
Commanda	Caption	爱国者	用作"爱国者"导弹
Commandf	Caption	飞毛腿	用作"飞毛腿"导弹
Label1	Caption	"飞毛腿"与"爱国者"	标题
	Font	黑体、三号字	
Label2	Caption	命中	被击中时显示提示
	Visible	False	初始状态为不显示
Label3	BorderStyte	1-Fixed	显示击中次数
Label4	Caption	击中次数：	提示标题
Label5	Caption	爱国者速度：	提示标题
Label6	BorderStyle	1-Fixed	显示"爱国者"速度
Label7	Caption	飞毛腿速度：	提示标题
Label8	BorderStyle	1-Fixed	显示"飞毛腿"速度
Label9	Caption	发射次数：	提示标题
Label10	BorderStyle	1-Fixed	显示发射次数
Label11	Caption	移动轨道	提示线以下为移动轨道
Timer1	Interval	10	控制"飞毛腿"飞行方向与速度
Timer2	Interval	100	控制"爱国者"发射飞行与击中控制
	Enabled	False	初始为非发射状态
Timer3	Interval	5()0	控制"爱国者"的发射速度选择
	Enabled	False	初始为非发射状态
Line1	BorderWidth	2	装饰线
Line2	BorderWidth	2	装饰线

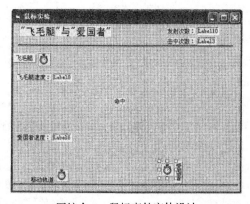

图综合.5　鼠标事件窗体设计

（4）编写代码如下。

①"飞毛腿"的飞行代码说明："飞毛腿"飞行就是使命令按钮 Commandf 横向移动，也就是

定时改变 Commandf.left 属性的值。由对象 Timer1 控制定时时间，Timer1.Interval = 10 表示每 10ms 改变一次 Commandf.left，改变的量由全局变量 f_speed 确定。飞行由 Timer1 的 Timer 事件完成，流程图如图综合.6 所示。代码如下：

```
Public f_speed, a_speed, flya_left, t As Single    '定义 f_speed 为全局变量
Const f_left = 0, f_right = 6480                    '定义 Commangf 的移动范围 0-6480

Private Sub Form_Load()
……
End Sub

Private Sub Timer1_Timer()
    Static f As Boolean, t As Single
……
End Sub
```

图综合.6　Commandf 飞行流程图（Timer1_timer 事件）

程序中静态变量 f 的意义是，当 f = Ture 表示 Commandf "飞毛腿" 从左向右飞行，当 f = False 表示从右向左飞行，通过改变 f 的值可以改变飞行方向。

注意：f 必须说明为 Static 类型。

② "爱国者" 导弹的移动代码说明："爱国者" 导弹通过改变 Commanda.left 属性使其在水平方向移动，Commanda.left 的值为鼠标在窗体 Form1 的坐标(x, y)的横坐标 x。commanda 的移动由 Form 的 MouseMove 事件完成。具体代码如下：

```
Public fly As Boolean                         '声明发射状态变量 fly
Const a_left = 0, a_right = 6960               '定义 Commanda 移动的范围为 0～6960
Const form_bottom = 5280                       '定义窗体的底线坐标
Private Sub Form_MouseMove(Button As Integer, Shift As Integer, X As Single, Y As Single)
……
End Sub
```

全局变量 fly 用于表示"爱国者"（Commanda）的状态，fly = True 处于发射状态，fly = False 处于非发射状态。常量 a_left，a_righ 定义 Commanda 的移动范围，常量 form_bottom 定义窗体 Form 的底线坐标。

如图综合.7 所示，鼠标坐标 y 在移动轨道下的条件是 y 大于 Form 的底线坐标 form_bottom 并且小于 Commanda 的底线坐标。

③ "爱国者"的飞行与击中处理代码说明：时钟 Timer2 的 Timer 事件控制 Commanda 的飞行与击中处理。

```
Public f_speed, a_speed, flya_left, t As Single    'a_speed 为发射速度
Public fly As Boolean                              '声明发射状态变量 fly
Const f_left = 0, f_right = 6480
Const a_left = 0, a_right = 6960
Const a_bottom = 4240, a_top = 840                 '定义 Commanga 的飞行范围 840～4240

Private Sub Timer2_Timer()
......
End Sub
```

时钟 Timer2 计时时，"爱国者"Commanda 每 100 毫秒向上移动 a_speed 单位，处于飞行状态，飞行到窗体顶部即 Commanda.Top> =a_top 结束一次发射。击中"飞毛腿"的条件为两导弹相遇，即 Commanda.Top< =cf_bottom And ca_right > = Commandf.Left And Commanda.Left<=ct_right。

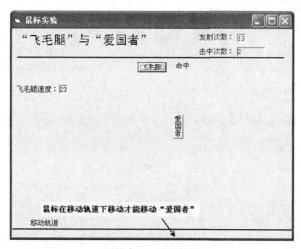

图综合.7　移动轨道

④ "爱国者"的速度选择与发射代码说明：窗体 Form 的鼠标事件 MouseDown（按下鼠标）使速度窗口每 0.5 秒显示一次速度值，窗体 Form 的鼠标事件 MouseUp（送开鼠标）使 Cornmanda 以窗口显示的速度发射。

时钟 Timer3 用于每 0.5 秒改变一次 Commanda 的发射速度 a_speed。

代码如下：

```
Public f_speed, a_speed, flya_left, t As Single  '定义 f_speed 为全局变量，a_speed 为发射速度
Public flv As Boolean                            '声明发射状态变量 fly
Const f_left = 0, f_right = 6480                  '定义 Commangf 的移动范围 0～6480
Const a_left = 0, a_right = 6960                  '定义 Commanda 移动的范围为 0～6960
Const form_bottom = 5280                          '定义窗体的底线坐标
```

```
    Const a_bottom = 4240, a_top = 840              '定义 Commanga 的飞行范围 840～4240
    Private Sub Form_Load()
        f_speed = 10                                '初始速度为 10
        Label8.Caption = f_speed                    '显示速度
    End Sub

    Private Sub Timer1_Timer()
        Static f As Boolean, t As Single
        If f Then
            temp = Commandf.Left
            Commandf.Left = temp + f_speed
                '从左向右飞行，每10毫秒'Commandf.Left 加 f_speed
            If Commandf.Left >= f_right Then         '如果到右边界则改为从右向左飞行
                Commandf.Left = f_right
                f = False
            End If
        Else
            temp = Commandf.Left
            Commandf.Left = temp_f_speed
                '从右向左飞行，每10秒 Commandf.Left 减 f_speed
            If Commandf.Left <= f_left Then          '如果到左边界则改为从左向右飞行
                Commandf.Left = f_left
                f = True
            End If
        End If

        f_speed = f_speed + 1                        '每10毫秒速度加1以实现Commandf 的变速飞行
        If f_speed > 100 Then                        '速度变到最大值 100 则从最小值 0 从新开始
            f_speed = 0
        End If
        Label8.Caption = f_speed                     '显示速度
    End Sub

    Private Sub Form_MouseMove(Button As Integer, Shift As Integer, X As Single, Y As Single)
    If Not fly And Y >= (Commanda.Top + Commanda.Height) And Y <= form_bottom Then
    '非发射状态并且鼠标在移动轨道上可以移动 Commanda
    If X <= a_right Then                             '没有移出右边界
        Commanda.Left = X                            '则 Commanda 移到鼠标的当前坐标 x 处
    Else
        Commanda.Left = a_right                      '移出右边界则 Commanda 移到最右边
    End If
    End If
    End Sub

    Private Sub Timer2_Timer()
        Dim ca_bottom, ca_right, cf_bottom, cf_right As Single
        Static t2 As Single                          '定义 t2 用于统计击中次数
        ca_bottom = Commanda.Top + Commanda.Height    '计算 Commanda 的底线坐标
        ca_right = Commanda.Left + Commanda.Width     '计算 Commanda 的右边界
        cf_bottom = Commandf.Top + Commandf.Height    '计算 Commandf 的底线坐标
        cf_right = Commandf.Left + Commandf.Width     '计算 Commandf 的右边界
```

```
            temp = Commanda.Top
            If temp >= a_top Then                    'Commanda 未飞出窗体 Form，继续飞行
                Commanda.Top = temp - a_speed        '每个 Timer 事件向上移动 a_speed
              If Commanda.Top <= cf_bottom And ca_right >= Commandf.Left And Commanda.Left
                <= cf_right Then                     '如果击中
                    t2 = t2 + 1                      '击中次数加 1
                    t = 0
                    Label3.Caption = t2              '显示击中次数
                    Label2.Visible = True
                    Label2.Left = Commandf.Left
                    Label2.Top = Commandf.Top        '在击中位置显示Ⅳ击中打字样
                    Commanda.Top = a_bottom          '"爱国者"Commanda 移到窗体底部
                    Commandf.Left = 0                '"飞毛腿"Commandf 移到最左边
                    fly = False                      'Commanda 处于非发射状态
                    Timer2.Enabled = False           '飞行控制时钟停止，停止飞行
                    Beep                             '击中铃声响
                End If
            Else                                     'Commanda 飞出窗体，本次发射结束
                Commanda.Top = a_bottom
                Timer2.Enabled = False               '时钟 Timer2 停止计时，Commanda 不能飞行
                flv = False                          'Commanda 处于非发射状态
            End If
End Sub

Private Sub Form_MouseDown(Button As Integer, Shift As Integer, X As Single, Y As Single)
        Timer3.Enabled = True                    'Timer3 开始计时，改变发射速度 a_speed
        Label5.Visible = True
        Label6.Visible = True                    '发射速度显示标签可见
End Sub

Private Sub Form_MouseUp(Button As Integer, Shift As Integer, X As Single, Y As Single)
        Static t As Single
        Timer2.Enabled = True       'Commanda 的发射飞行控制时钟 Timer2 计时，开始发射
        Timer3.Enabled = False      '改变发射速度控制时钟停止计时
        Label5.Visible = False
        Label6.Visible = False      '发射速度显示标签不可见
        flv = True                  '处于飞行发射状态
        t = t + 1                   '发射次数加 1
        Label10.Caption = t         '显示发射次数
End Sub

Private Sub Timer3_Timer()
        a_speed = a_speed + 50      '每 0.5 秒发射速度 a_speed 加 50
        If a_speed > 1000 Then      '超过 1000 则从 0 重新开始
            a_speed = 0
        End If
        Label6.Caption = a_speed    '显示发射速度
End Sub
```

（5）运行、调试并保存工程。单击工具栏上的"启动"按钮，运行程序，将会出现如图综合.4 所示的界面。鼠标在"爱国者"的移动轨道下方移动以确定"爱国者"的发射位置，按下鼠标确定 "爱国者"的飞行速度，松开鼠标发射"爱国者"导弹。在窗体右上角将显示发射次数与击中次数。

综合实验 4
7 种常见的排序算法

【实验目的】

通过本实验掌握数据排序的 7 种常用算法，这对于程序员而言，是非常重要的基本功。

【实验要求】

掌握数据排序的 7 种常用算法，并比较它们排序速度的快慢。

【实验内容】

设计如图综合.8 所示的窗体界面，在文本框中输入数组大小，如"10000"，单击"<---随机产生数组"命令按钮，这时在左边列表框中产生 10000 个未排序的数据，在下拉式组合框中选择"升序"或"降序"，再选择排序算法，单击"开始排序--->"命令按钮，在右边列表框中便产生排序后的数据，同时在标签中显示持续的时间和循环的次数。

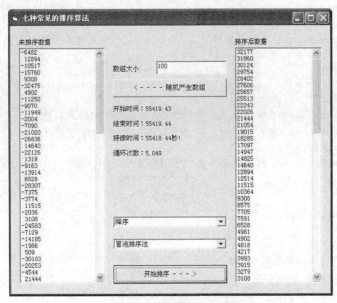

图综合.8　排序算法程序窗体

【实验步骤】

程序说明：

这 7 种排序算法分别是：冒泡排序法、Bucket 排序法、选择排序法、插入排序法、Shell 排序法、快速排序法、Heap 排序法。

（1）冒泡法最简单，也是效率最低的排序算法：从数组的一端开始，相邻两个元素比较并决定是否交换次序，每次循环都会将一个最大或者最小的元素"冒"到另一端。

（2）Bucket 排序法和冒泡法开始比较的方法不同：每次循环比较元素的数量增加，每次比较最大的数放在固定的位置。

（3）选择排序法：首先从数组中选择数值最小的元素，把它和位于第 1 个的元素交换，然后从剩下的元素中选择最小的和第 2 个元素交换，不断重复这个过程。

（4）插入排序法：首先对数组的前 2 个元素排序，然后从数组中取出第 3 个元素，把它和前 2 个元素排序，不断重复这个过程。

（5）Shell 排序法：首先把整个数组分成几个部分，分别进行处理；处理完毕再合并，又再分成少数几个更大的部分，分别进行处理；反复重复这个过程，直至最后只有一个部分。

（6）快速排序法可以说是最好的排序算法：首先选择一个分界值，把数组分成两部分，大于分界值和小于分界值的数据分开；对于分开的部分，不断重复这个过程，直至结束。

（7）Heap 排序法是对冒泡法作了一些改进：不是按照一个方向读数组，第一遍把最小的元素送到最高的位置，下一遍把最大的元素送到最下面的位置。

操作步骤：

（1）在 C 盘根目录下创建 "综合实验四"文件夹。

（2）在"综合实验四"文件夹中建立工程文件"实验一工程 1.VBP"，并在工程中建立窗体文件"实验一窗体 1.FRM"，再在工程中添加标准模块文件 "Module1.BAS"。

（3）在窗体上添加 7 个标签、2 个命令按钮、1 个文本框、2 个组合框、2 个列表框。对象的属性设置见表综合.3，属性设计好的窗体如图综合.9 所示。

表综合.3 设置对象的属性

对象（名称）	属　性	设　置	说　明
Form	名称	实验一窗体 1	
	Caption	7 种常见的排序算法	标题
1bl 未排序数据	Caption	未排序数据	提示标题
1bl 排序后数据	Caption	排序后数据	提示标题
1bl 数组大小	Caption	数组大小	提示标舵
1bl 开始时间	Caplion	开始时间:	提示标题
1bl 结束时间	Caption	结束时间:	提示标题
1bl 持续时间	Caption	持续时间:	提示标题
1bl 循环次数	Caption	循环次数	提示标题
cmd 随机产生数组	Caption	<---随机产生数组	随机产生数组的命令按钮
cmd 开始排序	Caption	开始排序--->	开始排序的命令按钮
txt 数组大小	Text	100	文本框初始值为 100
cmb 排序方式	Style	2-Dropdown List	设为下拉式列表的组合框
cmb 排序算法	Style	2-Drorpdown List	设为下拉式列表的组合框
lst 未排序数据			未排序数据的列表框
lst 排序后数据			排序后散据的列表框

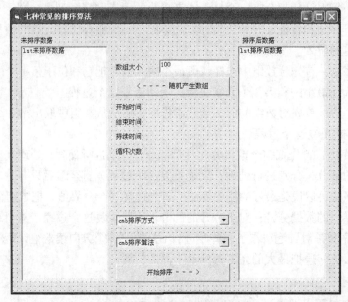

图综合.9　属性设计好的窗体

（4）编写代码如下：

```
Option Explicit
Dim mArray()

Private Sub Form_Load()
'初始化组台框、"未排序数据"列表框和动态数组
    cmb 排序方式.AddItem "升序"
    cmb 排序方式.AddItem "降序"
    cmb 排序方式.ListIndex = 0
    cmb 排序算法.AddItem "冒泡排序法"
    cmb 排序算法.AddItem "插入排序法"
    cmb 排序算法.AddItem "Bucket 排序法"
    cmb 排序算法.AddItem "选择排序法"
    cmb 排序算法.AddItem "Shell 排序法"
    cmb 排序算法.AddItem "快速排序法"
    cmb 排序算法.AddItem "Heap 排序法"
    cmb 排序算法.ListIndex = 0

    lst 未排序数据.AddItem "-1322"
    lst 未排序数据.AddItem "2171"
    lst 未排序数据.AddItem "-511"
    ReDim mArray(0 To 2)

    mArray(0) = -1322
    mArray(1) = 2171
    mArray(2) = -511
End Sub
'按下"随机产生数组"按钮,将产生指定大小的随机数组
Private Sub cmd 随机产生数组_Click()
Dim I
```

```
Dim J
'判断是否指定数组大小
    If Len(Trim$(txt 数组大小)) = 0 Then txt 数组大小 = "0"
'指定动态数组的大小
    ReDim mArray(CDbl(txt 数组大小) - 1)
'初始化随机数产生器
    Randomize
'清除文本框中的内容
    lst 未排序数据.Clear
    For I = 0 To CDbl(txt 数组大小) - 1
'产生随机数
        J = Int((32767 - (-32768) + 1) * Rnd + (-32768))
        lst 未排序数据.AddItem Str$(J)
        mArray(I) = J
    Next
    cmd 开始排序.Enabled = True
End Sub


Private Sub cmb 排序算法 Click()
'当选择的算法大于 5 时,不能选择"升序和降序"
    If cmb 排序算法.ListIndex > 4 Then
        cmb 排序方式.Enabled = False
    Else
        cmb 排序方式.Enabled = True
    End If
End Sub


'按下"开始排序按钮",将按照指定的排序算法开始排序
Private Sub cmd 开始排序_Click()
Dim I
    MousePointer = 11
    lst 排序后数据.Clear
'开始计时
    I = Timer
    lbl 开始时间 = "开始时间：" & I
    gIterations = 0
'根据选择算法调用相应的函数
    Select Case cmb 排序算法.ListIndex
    Case 0
        Call BubbleSort(mArray(), cmb 排序方式.ListIndex)
    Case 1
        Call Insertion(mArray(), cmb 排序方式.ListIndex)
    Case 2
        Call Bucket(mArray(), cmb 排序方式.ListIndex)
    Case 3
        Call Selection(mArray(), cmb 排序方式.ListIndex)
    Case 4
        Call ShellSort(mArray(), cmb 排序方式.ListIndex)
    Case 5
        Call QuickSort(mArray(), 0, UBound(mArray))
```

```
    Case 6
        Call Heap(mArray())
    End Select
'显示排序的相关信息
    lbl 循环次数 = "循环次数: " & Format$(gIterations, "#,#")
    lbl 结束时间 = "结束时间: " & Timer
    lbl 持续时间 = "持续时间: " & Timer - 1 & "秒!"
    For I = 0 To UBound(mArray)
        lst 排序后数据.AddItem mArray(I)
    Next
    MousePointer = 0
End Sub


'标准模块
Option Explicit
Global Const ZERO = 0
Global Const ASCENDING_ORDER = 0
Global Const DESCENDING_ORDER = 1
Global gIterations


'冒泡排序法
Sub BubbleSort(MyArray(), ByVal nOrder As Integer)
Dim Index
Dim TEMP
Dim NextElement
'初始化变量
    NextElement = ZERO
'从数组的一端到另一端
    Do While (NextElement < UBound(MyArray))
        Index = UBound(MyArray)
        Do While (Index > NextElement)
'判断升降序方式
            If nOrder = ASCENDING_ORDER Then
'比较相邻元素,并决定是否交换位置
                If MyArray(Index) < MyArray(Index - 1) Then
                    TEMP = MyArray(Index)
                    MyArray(Index) = MyArray(Index - 1)
                    MyArray(Index - 1) = TEMP
                End If
            ElseIf nOrder = DESCENDING_ORDER Then
                If MyArray(Index) >= MyArray(Index - 1) Then
                    TEMP = MyArray(Index)
                    MyArray(Index) = MyArray(Index - 1)
                    MyArray(Index - 1) = TEMP
                End If
            End If
            Index = Index - 1
            gIterations = gIterations + 1
        Loop
        NextElement = NextElement + 1
        gIterations = gIterations + 1
    Loop
End Sub
```

```
'Bucket 排序法
Sub Bucket(MyArray(), ByVal nOrder As Integer)
Dim Index
Dim NextElement
Dim TheBucket
'从第二个元素开始比较,逐渐增加比较范围
    NextElement = LBound(MyArray) + 1
    While (NextElement <= UBound(MyArray))
        TheBucket = MyArray(NextElement)
        Index = NextElement
        Do
            If Index > LBound(MyArray) Then
                If nOrder = ASCENDING_ORDER Then
                    If TheBucket < MyArray(Index - 1) Then
                            MyArray(Index) = MyArray(Index - 1)
                            Index = Index - 1
                    Else
                            Exit Do
                    End If
                ElseIf nOrder = DESCENDING_ORDER Then
                    If TheBucket >= MyArray(Index - 1) Then
                            MyArray(Index) = MyArray(Index - 1)
                            Index = Index - 1
                    Else
                            Exit Do
                    End If
                End If
            Else
                Exit Do
            End If
            gIterations = gIterations + 1
        Loop
'每次比较得到最大的元素到达合适位置
        MyArray(Index) = TheBucket
        NextElement = NextElement + 1
        gIterations = gIterations + 1
    Wend
End Sub


'选择排序法
Sub Selection(MyArray(), ByVal nOrder As Integer)
Dim Index
Dim Min
Dim NextElement
Dim TEMP


'初始化变量
    NextElement = 0
'每次得到最小元素
    While (NextElement < UBound(MyArray))
        Min = UBound(MyArray)
        Index = Min - 1
        While (Index >= NextElement)
            If nOrder = ASCENDING_ORDER Then
                If MyArray(Index) < MyArray(Min) Then
```

```
                            Min = Index
                    End If
            ElseIf nOrder = DESCENDING_ORDER Then
                    If MyArray(Index) >= MyArray(Min) Then
                            Min = Index
                    End If
            End If
            Index = Index - 1
            gIterations = gIterations + 1
        Wend
'交换元素
        TEMP = MyArray(Min)
        MyArray(Min) = MyArray(NextElement)
        MyArray(NextElement) = TEMP
        NextElement = NextElement + 1
        gIterations = gIterations - 1
    Wend
End Sub


'插入排序法
Sub Insertion(MyArray(), ByVal nOrder As Integer)
Dim Index
Dim TEMP
Dim NextElement
'首先比较两个元素的大小,然后范围不断增大
    NextElement = LBound(MyArray) + 1
    While (NextElement <= UBound(MyArray))
        Index = NextElement
        Do
            If Index > LBound(MyArray) Then
'判断升降序的方式
                If nOrder = ASCENDING_ORDER Then
                If MyArray(Index) < MyArray(Index - 1) Then
                    TEMP = MyArray(Index)
                    MyArray(Index) = MyArray(Index - 1)
                    MyArray(Index - 1) = TEMP
                    Index = Index - 1
                Else
                    Exit Do
                End If
            ElseIf nOrder = DESCENDING_ORDER Then
                    If MyArray(Index) >= MyArray(Index - 1) Then
                        TEMP = MyArray(Index)
                        MyArray(Index) = MyArray(Index - 1)
                        MyArray(Index - 1) = TEMP
                        Index = Index - 1
                Else
                    Exit Do
                    End If
                End If
            Else
                Exit Do
            End If
            gIterations = gIterations + 1
        Loop
```

```
            NextElement = NextElement + 1
            gIterations = gIterations + 1
        Wend
End Sub


'Shell 排序法
Sub ShellSort(MyArray(), ByVal nOrder As Integer)
Dim Distance
Dim Size
Dim Index
Dim NextElement
Dim TEMP
'获得数组大小
    Size = UBound(MyArray) - LBound(MyArray) + 1
    Distance = 1
    While (Distance <= Size)
        Distance = 2 * Distance
    Wend
    Distance = (Distance / 2) - 1
    While (Distance > 0)
'分成几个部分,分别进行排序
        NextElement = LBound(MyArray) + Distance
        While (NextElement <= UBound(MyArray))
            Index = NextElement
            Do
                If Index >= (LBound(MyArray) + Distance) Then
                    If nOrder = ASCENDING_ORDER Then
                        If MyArray(Index) < MyArray(Index - Distance) Then
                            TEMP = MyArray(Index)
                            MyArray(Index) = MyArray(Index - Distance)
                            MyArray(Index - Distance) = TEMP
                            Index = Index - Distance
                            gIterations = gIterations + 1
                        Else
                            Exit Do
                        End If
                    ElseIf nOrder = DESCENDING_ORDER Then
                        If MyArray(Index) >= MyArray(Index - Distance) Then
                            TEMP = MyArray(Index)
                            MyArray(Index) = MyArray(Index - Distance)
                            MyArray(Index - Distance) = TEMP
                            Index = Index - Distance
                            gIterations = gIterations + 1
                        Else
                            Exit Do
                        End If
                    End If
                Else
                    Exit Do
                End If
            Loop
            NextElement = NextElement + 1
            gIterations = gIterations + 1
        Wend
        Distance = (Distance - 1) / 2
        gIterations = gIterations + 1
```

```
        Wend
    End Sub

    '快速排序法
    Sub QuickSort(MyArray(), L, R)
    Dim I, J, X, Y
        I = L
        J = R
    '得到分界值
        X = MyArray((L + R) / 2)
        While (I <= J)
    '分区
            While (MyArray(I) < X And I < R)
                I = I + 1
            Wend
            While (X < MyArray(J) And J > L)
                J = J - 1
            Wend
            If (I <= J) Then
                Y = MyArray(I)
                MyArray(I) = MyArray(J)
                MyArray(J) = Y
                I = I + 1
                J = J - 1
            End If
            gIterations = gIterations + 1
        Wend
        If (L < J) Then Call QuickSort(MyArray(), L, J)
        If (I < R) Then Call QuickSort(MyArray(), I, R)
    End Sub

    'Heap 排序法
    Sub Heap(MyArray())
    Dim Index
    Dim Size
    Dim TEMP
    '获得数组大小
        Size = UBound(MyArray)
        Index = 1
    '向上排序
        While (Index <= Size)
            Call HeapSiftup(MyArray(), Index)
            Index = Index + 1
            gIterations = gIterations + 1
    Wend
    '向下排序
        Index = Size
        While (Index > 0)
            TEMP = MyArray(0)
            MyArray(0) = MyArray(Index)
            MyArray(Index) = TEMP
            Call HeapSiftdown(MyArray(), Index - 1)
            Index = Index - 1
            gIterations = gIterations + 1
        Wend
```

```
    End Sub
'向下排序函数
Sub HeapSiftdown(MyArray(), M)
Dim Index
Dim Parent
Dim TEMP
    Index = 0
    Parent = 2 * Index
    Do While (Parent <= M)
        If (Parent < M And MyArray(Parent) < MyArray(Parent + 1)) Then
            Parent = Parent + 1
        End If
        If MyArray(Index) >= MyArray(Parent) Then
            Exit Do
        End If
        TEMP = MyArray(Index)
        MyArray(Index) = MyArray(Parent)
        MyArray(Parent) = TEMP
        Index = Parent
        Parent = 2 * Index
        gIterations = gIterations + 1
    Loop
End Sub
'向上排序函数
Sub HeapSiftup(MyArray(), M)
Dim Index
Dim Parent
Dim TEMP
    Index = M
    Do While (Index > 0)
        Parent = Int(Index / 2)
        If MyArray(Parent) >= MyArray(Index) Then
            Exit Do
        End If
        TEMP = MyArray(Index)
        MyArray(Index) = MyArray(Parent)
        MyArray(Parent) = TEMP
        Index = Parent
        gIterations = gIterations + 1
    Loop
End Sub
```

（5）运行、调试并保存工程。单击工具栏上的"启动"按钮，运行程序，将会出现如图综合.8所示的界面，在文本框中输入数组大小，如"10000"。

重复以下过程：

① 单击"<---随机产生数组"命令按钮；

② 选择"升序"或"降序"；

③ 选择排序算法；

④ 单击"开始排序--->"命令按钮；

⑤ 记下标签中显示持续的时间和循环的次数。

当 7 种常用算法运行过以后，比较它们的速度快慢。

【实验目的】

通过本实验掌握学会 API 函数的使用方法。

【实验要求】

掌握调用 API 函数实现窗体的旋转。

【实验内容】

设计运行如图综合.10 所示的窗体，当单击"窗体开始旋转"命令按钮，出现图综合.11 所示的旋转窗体界面。再次单击命令按钮，又回到图综合.10 所示的界面。

图综合.10　程序运行时的界面

图综合.11　单击按钮后的界面

【实验步骤】

程序说明：

该程序调用了 API 函数 CreatePolygonRgn，用它来产生指定的形状，接着调用 SetWindowRgn 函数将窗体设置为指定的形状，同时还调用 CreateSolidBrush 函数（用纯色创建一个刷子）、DeleteObject 函数（用这个函数删除 GDI 对象）、FillRgn 函数（用指定的刷子填充一个矩形）、GetsystemMetrics 函数（返回与 Windows 环境有关的信息）、Polyline 函数（用当前画笔描绘一系列线段）、SendMessage 函数（调用一个窗口的窗口函数，将一条消息发给那个窗口）、ReleaseCapture 函数（为当前的应用程序释放鼠标捕获），共有 9 个 API 函数。

操作步骤：

（1）在 C 盘根目录下创建"综合实验五"文件夹。

（2）在"综合实验五"文件夹中建立工程文件"实验一工程 1.VBP"，并在工程中建立窗体文件"实验一窗体 1.FRM"。

（3）将窗体的标题改为"旋转的窗体"，在窗体上添加一个计时器 Timer1，将 Interval 属性设为"50"，添加一个命令按钮 Command1，将 Caption 属性设为"窗体开始旋转"，属性设计好的窗体如图综合.12 所示。

（4）编写代码如下。

① 添加 Visual Basic 6 API 文本浏览器：单击菜单栏上的"外接程序"菜单标题下的"外接程序管理器…"菜单项，打开"外接程序管理器"对话框，如图综合.13 所示，选中"VB6 API Viewer"和"加载/卸载"，单击"确定"按钮，这时在"外接程序"菜单标题下多了一个"API 浏览器"菜单项。单击它，出现"API 浏览器"对话框，如图综合.14 所示。

图综合.12 属性设计好的窗体

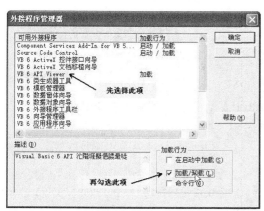

图综合.13 选中"VB 6 API Viewer"和"加载/卸载"

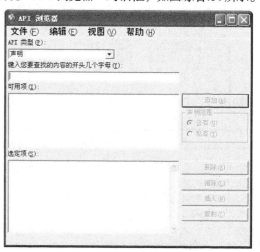

图综合.14 "API 浏览器"对话框

② 加载声明 API 函数的文本文件：单击"API 浏览器"对话框中"文件"菜单标题下的"加载文本文件…"菜单项，出现"选择一个文本 API 文件"对话框，在其中选中"WIN32API.TXT"，单击"打开"按钮，如图综合.15 所示；这时在"API 浏览器"对话框中的"可用项"中将会出现可以引用的 API 函数。

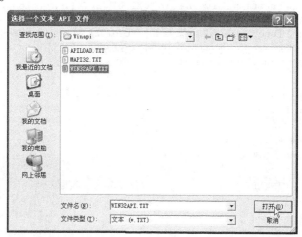

图综合.15 选中"WIN32API.TXT"，单击"打开"按钮

③ 在 VB 代码中添加过程声明：在"API 类型"中选"声明"，选中或者在文本框中输入"CreatePolygonRgn"，选中"私有"单选按钮，单击"添加"命令按钮，这时在"选定项"中将会出现 CreatePolygonRgn 的声明语句，如图综合.16 所示。用同样的方法添加其他 API 函数的声明语句。9 条声明语句添加完以后，单击"插入"命令按钮，将出现如图综合.17 所示的确认消息框，单击"是"按钮，声明语句便自动地加入程序代码。

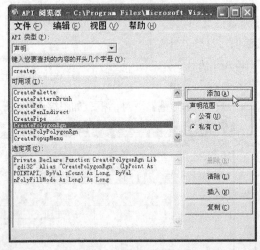

图综合.16　选"声明"、输入或者选中"CreatePolygonRgn"、　　　　图综合.17　确认消息框
　　　　　　选"私有"、单击"添加"按钮

④ 输入其他程序代码，完整代码如下：

```
Option Explicit
Private Declare Function CreatePolygonRgn Lib "gdi32" (lpPoint As POINTAPI, ByVal nCount
As Long, ByVal nPolyFillMode As Long) As Long
Private Declare Function SetWindowRgn Lib "user32" (ByVal hwnd As Long, ByVal hRgn As
Long, ByVal bRedraw As Boolean) As Long
Private Declare Function CreateSolidBrush Lib "gdi32" (ByVal crColor As Long) As Long
Private Declare Function DeleteObject Lib "gdi32" (ByVal hObject As Long) As Long
Private Declare Function FillRgn Lib "gdi32" (ByVal hdc As Long, ByVal hRgn As Long,
ByVal hBrush As Long) As Long
Private Declare Function GetSystemMetrics Lib "user32" (ByVal nIndex As Long) As Long
Private Declare Function Polyline Lib "gdi32" (ByVal hdc As Long, lpPoint As POINTAPI,
ByVal nCount As Long) As Long
Private Declare Function SendMessage Lib "user32" Alias "SendMessageA" (ByVal hwnd As
Long, ByVal wMsg As Long, ByVal wParam As Long, lParam As Any) As Long
Private Declare Function ReleaseCapture Lib "user32" () As Long

Private Type RECT                      '用户自定义数据类型
        Left As Long
        Top As Long
        Right As Long
        Bottom As Long
End Type
Private Type POINTAPI                   '用户自定义数据类型
        X As Long
        Y As Long
End Type
Private scnPts() As POINTAPI           '定义动态数组
```

```
Private rgnPts() As POINTAPI            '定义动态数组
'定义常量和变量
Private Const SM_CYCAPTION = 4
Private Const SM_CXFRAME = 32
Private Const SM_CYFRAME = 33
Private Const WM_NCLBUTTONDOWN = &HA1
Private Const HTCAPTION = 2
Private Const nPts& = 36
Private m_FillMode As Long


Private Sub Form_Load()
     m_FillMode = 2
     With Me
         .ScaleMode = vbPixels
         .Width = Screen.Width \ 2
         .Height = .Width
         .Move (Screen.Width - .Width) \ 2, (Screen.Height - .Height) \ 2
         .Icon = Nothing
      End With
End Sub


Private Sub Form_Paint()
     Dim hBrush As Long
     Dim hRgn As Long
'创建一个区域，并填充指定的颜色
     hBrush = CreateSolidBrush(vbYellow)
     hRgn = CreatePolygonRgn(scnPts(0), nPts, m_FillMode)
     Call FillRgn(Me.hdc, hRgn, hBrush)
     Call DeleteObject(hRgn)                     '释放资源
     Call DeleteObject(hBrush)                   '释放资源
     Call Polyline(Me.hdc, scnPts(0), nPts + 1)   '画出边界线
End Sub


Private Sub Form_Resize()
     With Me
         Command1.Move (.ScaleWidth - Command1.Width) \ 2, (.ScaleHeight -
Command1.Height) \ 2
         If .Visible Then
             CalcRgnPoints
             .Refresh
         End If
     End With
End Sub


Private Sub Form_MouseDown(Button As Integer, Shift As Integer, X As Single, Y As Single)
     If Timer1.Enabled Then        '如果窗体开始运动，则按下鼠标可以移动窗体
     Call ReleaseCapture
     Call SendMessage(Me.hwnd, WM_NCLBUTTONDOWN, HTCAPTION, 0&)
     End If
End Sub


Private Sub Command1_Click()
```

```
        Dim hRgn As Long
        Static UsingPoly As Boolean
        UsingPoly = Not UsingPoly                    '当前状态标志, 判断窗体是否在运动
        If UsingPoly Then                            '如果没有运动, 创建一个区域并开始运动
            hRgn = CreatePolygonRgn(rgnPts(0), nPts, m_FillMode)
            Call SetWindowRgn(Me.hwnd, hRgn, True)
        Else
            Call SetWindowRgn(Me.hwnd, 0&, True)     '停止窗体运动
        End If
        Timer1.Enabled = UsingPoly                   '设置时间控件是否开始
End Sub

Private Static Sub CalcRgnPoints()                   '这个函数画出指定的形状
        ReDim scnPts(0 To nPts) As POINTAPI
        ReDim rgnPts(0 To nPts) As POINTAPI
        Dim offset As Long
        Dim angle As Long
        Dim theta As Double
        Dim radius1 As Long
        Dim radius2 As Long
        Dim x1 As Long
        Dim y1 As Long
        Dim xOff As Long
        Dim yOff As Long
        Dim n As Long
        Const Pi# = 3.14159265358979                 '定义符号常量

        Const DegToRad# = Pi / 180                    '定义符号常量
'计算半径尺寸
        x1 = Me.ScaleWidth \ 2
        y1 = Me.ScaleHeight \ 2
        If x1 > y1 Then
            radius1 = y1 * 0.85
        Else
            radius1 = x1 * 0.85
        End If
        radius2 = radius1 * 0.5
'开始移动到窗体的左上方
        xOff = GetSystemMetrics(SM_CXFRAME)
        yOff = GetSystemMetrics(SM_CYFRAME) + GetSystemMetrics(SM_CYCAPTION)
'每隔10度找边界上的点, 并且停留在上面
        n = 0
        For angle = 0 To 360 Step 10
            theta = (angle - offset) * DegToRad
'从第1个端点开始画一长一短的线
            If n Mod 2 Then
                scnPts(n).X = x1 + (radius1 * (Sin(theta)))
                scnPts(n).Y = y1 + (radius1 * (Cos(theta)))
            Else
                scnPts(n).X = x1 + (radius2 * (Sin(theta)))
                scnPts(n).Y = y1 + (radius2 * (Cos(theta)))
            End If
'第2个端点开始添加效果
```

```
        rgnPts(n).X = scnPts(n).X + xOff
        rgnPts(n).Y = scnPts(n).Y + yOff
        n = n + 1
    Next angle
    offset = (offset + 2) Mod 360
End Sub

Private Static Sub Timer1_Timer()
    Dim nRet As Long
    Dim hRgn As Long
    CalcRgnPoints
    hRgn = CreatePolygonRgn(rgnPts(0), nPts, m_FillMode)
    nRet = SetWindowRgn(Me.hwnd, hRgn, True)
End Sub
```

（5）运行、调试并保存工程。单击工具栏上的"启动"按钮，运行程序，将会出现如图综合.10
所示的界面，单击"窗体开始旋转"命令按钮，出现图综合.11 所示的旋转窗体的界面。

第三部分

全国高等学校（安徽考区）Visual Basic 程序设计无纸化考试样题及参考答案

第 1 套　Visual Basic 程序设计无纸化考试样题及参考答案

第 2 套　Visual Basic 程序设计无纸化考试样题及参考答案

第 3 套　Visual Basic 程序设计无纸化考试样题及参考答案

第 4 套　Visual Basic 程序设计无纸化考试样题及参考答案

Visual Basic 程序设计无纸化考试样题及参考答案

样　　题

一、单项选择题（每题1分，共20分）

1. 下面_____是合法的变量名。
   A. X_yz　　　　　　B. 123abc　　　　　C. integer　　　　　D. x－y

2. 表达式 23/5.8、23\5.8、23 Mod 5.8 的运算结果分别是_____。
   A. 3、3.9655、3　　B. 3.9655、3、5　C. 4、4、5　　　　D. 3.9655、4、3

3. 下面程序段的运行结果为_____。
```
For i=3 To 1 Step-1
  Print Space(5-i);
  For j=1 To 2*j-1
    Print "*";
  Next j
  Print
Next i
```
```
A.     *        B. *****     C. *****      D. ****
      ***           ***          ***           ***
     *****           *            *             *
```

4. 执行"PRINT 18/2*3，−3^2"命令后，屏幕显示情况为_____。
   A. 3　　9　　　　　B. 3　　−9　　　C. 27　　−9　　D. 27，−9

5. 设 a=1,b=2,c=3,d=4，则表达式 IIF(a<b,a,IIF(c<d,a,d))的结果为_____。
   A. 4　　　　　　　B. 3　　　　　　C. 2　　　　　　D. 1

6. Int(198.555*100+0.5)/100 的值_____。
   A. 198　　　　　　B. 199.6　　　　C. 198.56　　　D. 200

7. 若 x=1，执行语句 If x Then x=0 Else x=1 的结果是_____。
   A. 实时错误　　　　B. 编译错误　　　C. x=1　　　　D. x=0

8. 以下程序段的运行结果是_____。

```
Private Sub Form_Click()
x=5
m=1
n=1
Do
m=m*n
n=n+1
Loop Until n>5
Print x^2+m/3
End Sub
```

  A. 25　　　　　　　B. 45　　　　　　　C. 55　　　　　　　D. 65

9. 用语句 Dim A(−3 to 5)As Long 定义的数组元素个数是_____。

  A. 7　　　　　　　　B. 8　　　　　　　　C. 9　　　　　　　　D. 10

10. 以下程序运行的结果是_____。

```
Option Base 1
Private Sub Command1_Click()
    Dim a,b(3,3)
    a=array(1,2,3,4,5,6,7,8,9)
    for i=1 to 3
    for j=1 to 3
      b(i,j)=a(i*j)
      if(j>=i)then print tab(j*3); format(b(i,j),"###");
    next j
    print
 next i
 End Sub
```

  A. 1 2 3　　　　　B. 1　　　　　　　C. 1 4 7　　　　　D. 1 2 3

   4 5 6　　　　　　　4 5　　　　　　　2 4 6　　　　　　　4 6

   7 8 9　　　　　　　7 8 9　　　　　　3 6 9　　　　　　　9

11. 在 Visual Basic 应用程序中，以下正确的描述是_____。

  A. 过程的定义可以嵌套，但过程的调用不能嵌套

  B. 过程的定义不可以嵌套，但过程的调用可以嵌套

  C. 过程的定义和过程的调用均可以嵌套

  D. 过程的定义和过程的调用均不可以嵌套

12. 假定有如下的 Sub 过程：

```
Sub S(x As Single, Y As Single)
    t=x
    x=t/y
    y=t Mod y
End Sub
```

在窗体上添加一个命令按钮，然后编写如下事件过程：

```
Private Sub Command1_Click()
    Dim a As Single
    Dim b As Single
    a=5; b=4
    S a, b
    Print a, b
End Sub
```

程序运行时，单击命令按钮得到的结果是_____。

A. 5　4　　　　　　B. 1　1　　　　　　C. 1.25　4　　　　　D. 1.25　1

13. 以下关于窗体的描述中，错误的是_____。

A. 执行 Unload Forml 语句后，窗体 Forml 消失，但仍在内存中

B. 窗体的 load 事件在加载窗体时发生

C. 当窗体的 Enabled 属性为 False 时，通过鼠标和键盘对窗体的操作都被禁止

D. 窗体的 Height、Width 属性用于设置窗体的高和宽

14. 若要使用某命令按钮获得控制焦点，则可使用_____方法来设置。

A. Refresh　　　　B. SetFocus　　　　C. GotFocus　　　　D. Value

15. 下面对语句 Open "Rizhi.dat" For Output As#1 功能说明错误的是_____。

A. 以顺序输出模式打开文件"Rizhi.dat"

B. 如果文件"Rizhi.dat"不存在，则建立一个新文件

C. 如果文件"Rizhi.dat"已存在，则打开该文件，新写入的数据将添加到文件末尾

D. 如果文件"Rizhi.dat"已存在，则打开该文件，新写入的数据将覆盖原来的数据

16. 将新记录添加到记录集后，保存新记录使用的方法是_____。

A. addnew　　　　B. update　　　　C. canceluodate　　D. refresh

17. 一句语句要在下一行继续写，用_____符号作续行符。

A. +　　　　　　B. -　　　　　　C. _　　　　　　D. . . .

18. 以下程序段执行后，整型变量 n 的值为_____。

```
year1=2004
n=year1\4 + year1\400-year1\100
```

A. 486　　　　　B. 496　　　　　C. 506　　　　　D. 466

19. 下列程序段运行的结果是_____。

```
Private Sub Fortn _ Click()
    Dim x()As String
    a="How are you!"
    n=Len(a)
    ReDim X(1 To n)
    For I=n To 1 Step-1
        x(I)=Mid(a, I, 1)
    Next I
    For I=1 To n
        Print x(I);
    Next I
End Sub
```

A. !uoy era woH　　　B. !uoy era woH

C. How are you!　　　D. how are you!

20. 下列程序段运行的结果是_____。

```
Private Sub Form_Click()
    Dim nsum As Integer
    nsum=1
    For i=2 To 4
        nsum=nsum+factor(i)
    Next i
    Print nsum
End Sub
```

```
Function factor(ByVal n As Integer)As Integer
    Dim temp As Integer
    temp=1
    For i=1 To n
         temp=temp * i
    Next i
    factor = temp
End Function
```
　　A. 10　　　B. 33　　　C. 23　　　D. 13

二、判断题（每题 1 分，共 10 分）

1. VB 6.0 中&H12.5 是 16 进制的数值常数。_____

2. Visual Basic 程序运行时总是等待事件被触发。_____

3. Print Tab(3); "Visual Basic"和 Print Space(3);"Visual Basic"的效果相同。_____

4. Rnd 函数产生的是(0，1)不包括 0、1 的随机小数。_____

5. If x>y Then Max=x Else Max=y 程序段是求两个数中的最大数。_____

6. 静态数组中的数组元素个数一旦定义好后，在程序运行过程中不再会发生变化；而动态数组的元素个数则是可变的。_____

7. 在 VB 菜单项中的"热键"可通过在热键字母前插入"\"符号实现。_____

8. 各种控件的所有属性都可以在设计模式下通过属性窗口设置，也都可以在运行模式下通过程序语句进行赋值。_____

9. VB 中打开工程文件时，在资源管理器窗口可以看到工程中所有的文件，所以可以认为工程文件包括了工程中所有的文件，只要保留工程文件即可，其他文件可以不必保留。_____

10. 在 VB 程序中，如果存在语法错误，则无法通过编译，所以如果通过编译生成了 EXE 文件，就说明程序中已不存在任何错误。_____

三、填空题（每题 1 分，共 20 分）

1. 已知 a=3.5,b=5.0,c=2.5,d=True 则表达式 a>:0 AND a+c>b+3 OR NOT d 的值是_____。

2. 用 dim abe as variant 定义的 abc 变量类型是_____。

3. 在窗体上画一个命令按钮，然后编写如下事件过程：
```
Private Sub Command1_Click()
a=InputBox("请输入一个整数")
b=InputBox("请输入一个整数")
Print a+b
End Sub
```
程序运行后，单击命令按钮，在输入对话框中分别输入 321 和 456，输出结果为_____。

4. sgn(−25)的值是_____。

5. 若要使文本框 TextBox 的 ScrollBars 属性有效，必须将其_____属性设为 True。

6. 一个控件在窗体上的位置由_____属性和 Top 属性决定。

7. 扩展名为.bas 的文件表示_____文件。

8. Visual Basic 是一种面向_____的可视化程序设计语言，采取了_____的编程机制。

9. 下列程序段的执行结果为_____。
```
Dim x(3, 5)
```

```
    For i=1 to 3
      For j=1 to 5
        x(i, j) = i+j
      Next j
    Next i
    Print x(3, 4)
```

10. 下列程序的执行结果为_____。

```
    A=75
    If A>60 Then I=1
    H A>70 Then I=2
    If A>80 Then I=3
    If A>90 Then I=4
    Print"I="; I
```

四、基本操作题（共 15 分）

在考生文件夹中，完成以下要求：

1. 启动工程文件 Sjt.Vbp，将该工程文件的工程名改为"Spks"，并将该工程中的窗体文件 Sjt.frm 的窗体名改为"VBBC"。

2. 请在适当位置添加控件：3 个标签，Label1 标题为"籍贯："，Label2 标题为"姓名："，Label3 标题为空；1 个框架 Frame1 标题为"性别"；2 个单选按钮在框架 Frame1 中，option1 标题为"男"，style 属性为 1 且为选中状态，option2 标题为"女"，style 属性为 1；一个文本框 text1 内容为空，且 Tabindex 属性值为 0；一个列表框；一个命令按钮标题为"确定"（以上操作在属性窗口中完成）。

3. 在窗体模块中声明全局变量 xb,jg；在窗体的装载事件中完成：列表框添加 3 项内容："北京"、"上海"、"合肥"，且"北京"选项默认被选中，xb 变量的初始值为"男"。

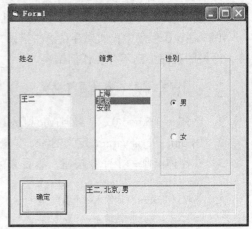

4. 按如下要求编写代码：选中 option1 时，为变量 xb 赋值为"男"；选中 option2 时，为变量 xb 赋值为"女"；选中列表框的某一项时，把选中的内容赋值给 jg（要求在列表框的 click 事件中实现）；单击按钮 command1 时，在标签 3 中顺次显示姓名（text1 中的内容），籍贯（变量 jg 的值），性别（变量 xb 的值）。运行后如图 1 所示。

图 1

5. 请先调试、运行，然后将工程、窗体保存。

五、简单应用题（共 20 分）

在考生文件夹中，完成以下要求：

1. 启动工程文件 Progl.Vbp，将该工程文件的工程名称改为"Spks"，并将该工程中的窗体文件 Prog1.frm 的窗体名称改为"Prog1"，窗体的标题为"字符串个数"。

2. 请在窗体适当位置增加以下控件：文本框 1（名称为 Text1，Muhiline 属性为 True，ScrollBars 属性为 2）；文本框 2（名称为 Text2）和 3 个命令按钮（名称分别为 C1、C2 和 C3，标题分别为"读入数据"、"显示结果"和"保存"），如图 2 所示。

要求程序运行后，单击"读入数据"按钮，读入"INI.TXT"文件中的内容，同时在文本框 text1 中显示出来；然后单击"显示结果"按钮，统计出字符串"and"出现的次数，并把结果在文本框 Text2 中显示出来；最后单击"保存"按钮，把该结果（Text2 的值）存入考生文件夹中的文件"kssj.dat"中。

3. 在考生文件夹下有标准模块 Prog1.bas 和 getdata.bas，其中的 getdata.bas 过程可以读出文件"INI.TXT"中的内容，Putdata 过程可以把结果存入指定的文件，考生可以把这两个模块文件添加到自己的工程中，直接调用过程。

4. 请先将工程、窗体与模块保存，然后调试、运行并生成可执行程序：Prog1.exe。

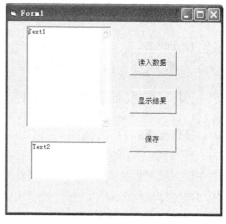

图 2

六、综合应用题（共 15 分）

在考生文件夹中建立一个名称为"Vbcd"的工程文件 Menul.Vbp，并在工程中建立一个名称为"Menul"的菜单窗体文件 Menul.frm，要求：

1. 菜单格式与内容如下。

　　　　排序(S)　　　窗口(W)
　　　　　升序　　　√平铺
　　　　　降序　　　层叠
　　　　　————————
　　　　　退出(Ctrl+X)

其中，括号内的字符为热键；

分隔条的名称为 FGT，其他菜单与子菜单的名称与标题相同，但不含热键。

√：复选标记。Ctrl+X：设置为快捷键。

2. 将考生文件夹下的窗体文件 SJT.frm 添加进该工程。

3. 除"降序"菜单的 Click()事件调用 SJT.fnn 窗体，"退出"子菜单的 Click()事件执行 End 语句，其他菜单和子菜单不执行任何操作！

4. 调试运行并生成可执行程序 Menul.exe。

参 考 答 案

一、单项选择题（每题 1 分，共 20 分）

1. A　　2. B　　3. B　　4. C　　5. D　　6. C　　7. D　　8. D　　9. C　　10. D
11. B　　12. D　　13. A　　14. B　　15. C　　16. B　　17. C　　18. A　　19. C　　20. B

二、判断题（每题 1 分，共 10 分）

1. √　　2. √　　3. ×　　4. ×　　5. √　　6. √　　7. ×　　8. ×　　9. ×　　10. ×

三、填空题（每题 1 分，共 20 分）

1. False　　2. 变体型　　　3. 321456　　4. −1　　5. Multiline　　6. Left
7. 模块　　　8. 对象事件驱动 9. 7　　　　10. I=2

四、基本操作题（共 15 分）

操作步骤：

1. 启动工程文件 sjt.Vbp，在工程资源管理器窗口中单击工程名，接着在属性窗口"名称"栏中输入新工程名"Spks"；在工程资源管理器窗口中单击窗体文件名翰 Sjt.frm，接着在属性窗口"名称"栏中输入新窗体名"VBBC"。

2. 按图 3 所示位置添加标签 Label1，在其属性窗口中选中"caption"属性，并输入"籍贯"。按上述方法添加标签 Label2、标签 Label3、框架 Frame1、单选按钮 Option1、单选按钮 Option2、文本框 Text1、列表框 List1 和命令按钮 Command1，并设置相关的属性。

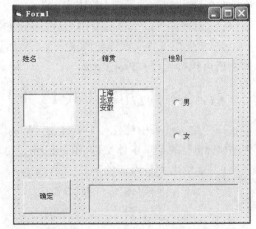

图 3

3. 选择"工程\添加模块"命令，在出现的"添加模块"窗口中单击"打开"按钮，打开模块窗口，并输入"Public xb.jg"。双击窗体，打开代码窗口，在窗体的 Load 事件中输入以下代码：

```
List1.Addltem"北京"
List1.Addhem"上海"
List1.Addhem"合肥"
List1.Listlndex=0
xb="男"
```

4. 在 Option1 的 Click 事件中输入代码 xb="男"；在 Option2 的 Click 事件中输入代码 xb="女"；在列表框 List1 的 Click 事件输入代码 jg=List1.Text；在 Command1 的 Click 事件输入代码 Label3.Caption=Text1.Text+"："+jg+"，"+xb。

5. 先运行程序，然后选择"文件\保存工程"命令。

五、简单应用题（共 20 分）

操作步骤：

1. 启动工程文件 Prog1.Vbp，在工程资源管理器窗口中单击工程名，接着在属性窗口"名称"栏中输入新工程名"spks"；在工程资源管理器窗口中单击窗体文件名 Prog1.frm，接着在属性窗口"名称"栏中输入新窗体名"Prog1"，在"Caption"栏输入标题"字符串个数"。

2. 按图 4 所示位置在窗体上画出文本框 Text1，在属性窗口选中 Muhiline 属性，将属性值选为 True；选中 ScrollBars 属性，将属性值选为 2。按同样的方法添加控件文本框 Text2 和 3 个命令按钮。选择"工程\添加模块"命令，出现"添加模块"对话框，在"查找范围"处打开考生文件夹，然后选中文件"Progl.bas"，单击"打开"按钮，将"Prog1.bas"添加到该工程。

3. 打开代码编辑窗口，事件代码如下：

```
Private Sub C1_Click()
    Textl.Text=getdata
End Sub

Private Sub C2_Click()
  l=Len(Text1.Text)
  num=0
  For i=1 To 1-2
    s=Mid(Text1.Text, i, 3)
    If s= "and" Then num=num+1
    Next
    Text2.Text=num
End Sub

Private Sub C3_Click()
    putdata
End Sub
```

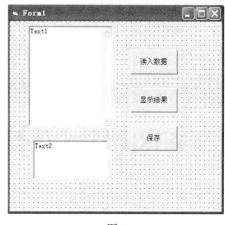

图 4

4. 调试运行后，选择"文件\生成 Prog1.exe"命令，在生成工程对话框中，将"保存在"选中考生文件夹，单击"确定"按钮。

六、综合应用题（共 15 分）

操作步骤：

1. 启动 VB，新建一个工程，在工程资源管理器窗口中单击工程名，接着在属性窗口"名称"栏中输入新工程名"Vbcd"；在工程资源管理器窗口中单击窗体文件名。接着在属性窗口"名称"

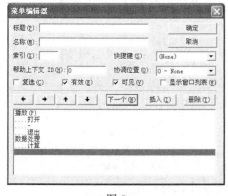

图 5

栏中输入新窗体名"Menul"；选择"文件\保存工程"命令，在"另存为"对话框中输入菜单窗体文件名"Menul"，单击"保存"按钮，在出现的"工程另存为"对话框中输入工程文件名"Menu1"，单击"保存"按钮。在窗体中单击右键，选择菜单中的"菜单编辑器"命令，进入菜单编辑器窗口，按图 5 所示输入各菜单项。

2. 选择"工程\添加窗体"命令，出现"添加窗体"对话框，在"查找范围"处打开考生文件夹，然后选中文件"SJT.frm"，单击"打开"按钮，将"SJT.fm"添加到该工程。

3. 在窗体上双击鼠标，打开代码编辑窗口，选择"降序"对象的"Click"事件，并输入代码：

```
Load SJT
SJT.Show
```

再"退出"对象的"Click"事件，并输入代码：End。

4. 调试运行后，选择"文件\生成 Menul.exe"命令，在生成工程对话框中，将"保存在"选中考生文件夹，单击"确定"按钮。

第2套

Visual Basic 程序设计无纸化考试样题及参考答案

样 题

一、单项选择题（每题 1 分，共 20 分）

1. 以下 4 种描述中，错误的是_____。
A. 常量在程序执行期间其值不会发生改变
B. 根据数据类型不同，常量分为字符型常量、数值常量、日期/时间型常量和布尔型常量
C. 符号常量是用一个标识符来代表一个常数
D. 符号常量的使用和变量的使用没有差别

2. 下面合法的常量是_____。
    A. 1/2   B. 'abed'   C. 1.2*5   D. False

3. Visual Basic 中可以用类型说明符来标识变量的类型，其中表示货币型的是_____。
    A. %   B. &   C. $ D. !

4. 以下关键字中，不能定义变量的是_____。
    A. Declare   B. Dim   C. Public   D. Private

5. 用十六进制表示 Visual Basic 的整型常数时，前面要加上的符号是_____。
    A. &H   B. &O   C. H   D. O

6. Visual Basic 日期常量的定界符是_____。
    A. ##   B. "   C. ()   D. ||

7. 数学关系 3≤x<10 表示成正确的 VB 表达式为_____。
    A. 3<=x<10   B. 3<=x AND x<10
    C. x >=3 OR x < 10   D. 3 <=x AND < 10

8. \,/,Mod,*4 个算术运算符中，优先级别最低的是_____。
    A. \   B. /   C. Mod   D. *

9. 下面语句中有非法调用的是_____。
    A. x=SGN(−1)   B. x=FIX(−1)   C. x = SQR(−1)   D. x$=CHR$(65)

10. 表达式 23/5.8、23 · .8、23 Mod 5.8 的运算结果分别是_____。

    A. 3、3.9655、3   B. 3.9655、3、5 C. 4、4、5   D. 3.9655、4、3

11. 如果变量 a=2、b："abc"、c="acd"、d=5，则表达式 a<d OR b>c AND b<>c 的值为_____。

    A. True   B. False   C. Yes   D. No

12. 为了给 x，y，z 3 个变量赋初值 1，下面正确的赋值语句是_____。

    A. x=1:y=1:z=1   B. x=J,y=1,z=1   C. x=y=z=1   D. xyz=1

13. 以下 4 类运算符，优先级最低的是_____。

    A. 算术运算符   B. 字符运算符   C. 关系运算符   D. 逻辑运算符

14. 表达式 Int(5*Rnd+1)*Int(5*Rnd−1)值的范围是_____。

    A. [0，15]   B. [−1，15]   C. [−4，15]   D. [−5，15]

15. 已知 a="12345678"，则表达式 Left(a,4)+Mid(a,4,2)的值是_____。

    A. 123456   B. "123445"   C. 123445   D. 1279

16. 设有如下的记录类型：

```
Type Student
  number As String
  name As String
  age As Integer
End Type
```

则正确引用该记录类型变量的代码是_____。

    A. Student.name="张红"   B. Dim s As Student
                                      s.name="张红"

    C. Dim s As Type Stuent   D. Dim s As Type
        s.name="张红"   s.name="张红"

17. 下列程序运行时，从键盘输入字符 "−"，则输出结果是_____。

```
Private Sub Form_Click()
    Op $=InputBox(."op=")
    If op $="+" Then a=a+2
    If of $="−" Then a=a-2
    Print a
End Sub
```

    A. −2   B. 0   C. +2   D. +0

18. 下列程序段的运行结果为_____。

```
For i=3 To 1 Step-1
    Print Space(5-i);
    For j=1 To 2*i-1
        Print"*";
    ·Next j
    Print
Next i
```

    A.   *   B. *****   C. *****   D. *****

        ***   ***   ***   ***

      *****   *   *   *

19. 执行 PRINT 18/2*3,−3^2 命令后，输出结果为_____。

    A. 3　9   B. 3　−9   C. 27　−9   D. −9　27

20. 窗体里有两个对象，分别是图片框 Picturel 和标签 Labell。那么下面关于 Print 方法的使用中，错误的一条是_____。

    A. Picturel.Print 147　　　　　　　　B. Print 147

    C. Printer.Print 147　　　　　　　　D. Labell.Print 147

二、判断题（每题 1 分，共 10 分）

1. VB 6.0 中&H12 是 8 进制的数值常数。_____
2. VB 6.0 中，不声明而直接使用的变量，系统默认为变体型，默认值为 0。_____
3. 在用 Call 带参调用 Sub 过程时必须把参数放在括号里。_____
4. 在显示模式窗体时，应用程序中的其他窗体仍可以继续操作。_____
5. 执行 Dim X,Y AS Integer 语句后则 X,Y 的默认值均为 0。_____
6. If x>y Then Max=x Else Max=y 程序段是求两个数中的最大数。_____
7. Len("等级考试")和 LenB("等级考试")的结果相同。_____
8. 若 X 为偶数，则 Not(X Mod 2)必然为真。_____
9. 表达式 a%*b−d#\2#+C!的结果的数据类型为双精度型。_____
10. VB 6.0 中若表示一个日期和时间常量必须也只能用 "#" 号将其括起来。_____

三、填空题（每题 1 分，共 20 分）

1. 在 VB 中声明静态变量的关键字是_____。
2. 表达式 10 MOD 16\4 的值是_____。
3. 窗体上有 3 个文本框 Textl、Text2 和 Text3；有一个命令按钮 Commandl，设文本框 Textl 中的内容为 11，文本框 Text2 中的内容为 22，下面程序的执行结果为_____。

```
PrivateSub Command1_Click()
    Text3.Text=Str$(Val(Text1.Text)+Val(Text2.Text))
    Print Val(Text3.Text)
EndSub
```

4. 执行语句 B=MsgBox("XXX",,"YYY")后，在消息框中的标题内容是_____。
5. 用语句 Dim A(−3 to 3)as Integer，定义的数组元素个数是_____。
6. Visual Basic 提供的对数据文件的 3 种访问方式为随机访问方式、_____和二进制访问方式。
7. 设 a=6，则执行 x= I If(a>5,−1,0)后，x 的值为_____。
8. 函数 Int(Rnd*11)+10 的值的范围是_____至_____。
9. 将标签 Labell 的字号设置成 20，使用的语句是_____。
10. 用于返回列表框中列表项的项目总数的属性是_____。

四、基本操作题(共 15 分)

在考生文件夹中，完成以下要求：

1. 启动工程文件 Sit.Vbp，将该工程文件的工程名称改为 "Spks"，并将该工程中的窗体文件 Sit.frm 的窗体名称改为 "vbbc"。
2. 请在适当位置添加控件：1 个文本框 Textl，其值置为空，2 个命令按钮 Command1、Command2，标题分别为 "添加"、"删除"，Command2 的 Enabled 属性值设为假；一个列表框 List1

（以上操作在属性窗口中完成）。

3．要求程序运行时，单击"添加"按钮，若文本框中有内容，将文本框中的内容添加到列表框中。选中列表框中的某一项，命令按钮"删除"有效，单击"删除"按钮可将该项删除。运行效果如图 1 所示。

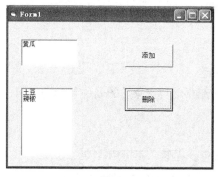

图 1

4．请先调试、运行，然后将工程、窗体保存。

五、简单应用题（共 20 分）

在考生文件夹中，完成以下要求：

1．启动工程文件 Progl.vbp，将该工程文件的工程名称改为"Spks"，并将该工程中的窗体文件 Progl.frm 的窗体名称改为"Progl"，窗体的标题为"排序"。

2．请在窗体适当位置增加以下控件：2 个标签 Label1 和 Label2（标题分别为"排序之前"和"排序之后"）；2 个列表框 List1 和 List2；3 个命令按钮（均为默认名称，标题分别为"读取数据"、"排序"和"写入文件"），如图 2 所示。

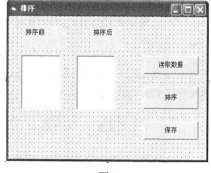

图 2

3．要求：

（1）单击"读取数据"按钮，读入"ini.txt"文件中的 50 个数据，同时在列表框 List1 中显示出来。

（2）单击"排序"按钮，在 List2 中显示出从大到小的排列顺序。

（3）单击"写入文件"按钮，把 List2 中内容存入考生文件夹中的文件"kssj.dat"中。

4．考生文件夹下有标准模块 Progl.Bas，其中 getdata 过程可以读出文件"ini.txt"中的数据，putdata 过程可以把结果存入指定的文件，要求把这个模块文件添加到当前的工程中，直接调用过程。

5．将工程、窗体与模块保存，然后调试、运行并生成可执行文件 Progl.exe。

六、综合应用题（共 15 分）

在考生文件夹中建立 1 个名称为"Vbcd'"的工程文件 Menul.Vbp，并在工程中建立一个名称为"Menul"的菜单窗体文件 Menul.frm，要求：

1. 菜单格式与内容如下。

  插入(1)   窗口(W)

    曲面   √水平平铺

    特征   排列图标

    －－－－

    返回(Ctrl+B)

其中，括号内的字符为热键。

分隔条的名称为 FGT，其他菜单与子菜单的名称与标题相同，但不含热键。

√：复选标记。

Ctrl+B：设置为快捷键。

"特征"：该菜单项呈浅灰色，无效，不可用。

2. 将考生文件夹下的窗体文件 Sjt.frm 添加进本工程。

3. 除"曲面"菜单项的 Click()事件调用 sjt.frm 窗体，"返回"菜单项的 Click()事件执行 End 语句，其他菜单和子菜单不执行任何操作。

4. 调试运行并生成可执行程序：Menul.exe。

参 考 答 案

一、单项选择题（每题 1 分，共 20 分）

1. D 2. D 3. C 4. A 5. A 6. A 7. B 8. C 9. C

10. B 11. A 12. A 13. D 14. D 15. B 16. B 17. A 18. B

19. C 20. D

二、判断题（每题 1 分，共 10 分）

1. × 2. × 3. √ 4. × 5. ×

6. √ 7. × 8. √ 9. √ 10. √

三、填空题（每题 1 分，共 20 分）

1. Static 2. 2   3. 33   4. YYY 5. 7   6. 顺序访问方式

7. −1 8. 10, 20 9. Label1.FontSize=20 10. ListCount

四、基本操作题（共 15 分）

按照题目的要求设计界面，设置属性，编写代码。参考代码如下：

```
Private Sub Command1_Click()
  If Text1.Text<>""Then
    List1.AddltemText1.Text
  End If
End Sub
```

```
Private Sub Command2_Click()
   If List1.ListIndex<>-1 Then
       List1.RemoveItemList1.ListIndex
   End If
End Sub
Private Sub List1_Click()
    Command2.Enabled=True
End Sub
```

五、简单应用题（共 20 分）

按照题目的要求设计界面，设置属性，编写代码。

模块 Progl.Bas 提供的代码如下：

```
Option Explicit
Public A(500)As Integer
Public N AsInteger
Sub putdata(t_FileName As String, t_Str As Variant)        '写文件函数
    Dim sFile As String
sFile="\"& tFileName
    OpenApp.Path & sFileForAPPENDAs#1
    Print #1, t_Str
    Close #1
End Sub
Sub getdata()                                              '读文件函数
    Dim I as integer
    Open app.path &"\ini.txt" For Input As #1
    i=1
    Do While Not Eof(1)
    Input #1, A(i)
    i=i+1
    Loop
    N=i-1
    Close #1
End Sub
```

编写窗体的参考代码如下：

```
Private Sub Command1_Click()
   getdata
   For i=1T050
     List1.AddItem A(i)
   Next i
End Sub
Private Sub Command2  Click()
For I=1 To 50
   For j=1 To 50-i
       If A(j)<A(j+1)Then
           t=A(j): A(j): A(j+1): A(j+1)=t
         End If
       Next j
   Next i
   For i=1 To 50
     List2.AddItem A(i)
   Next i
End Sub
```

```
PriVate Sub Command3_Click()
    For i=0 To 49
        Putdata"kssj.DAT", List2.List(i)
    Next i    .
End Sub
```

六、综合应用题（共 15 分）

操作步骤：

1. 新建一个工程，在窗体的属性窗口将其名称改为"Menul"；单击"工程"菜单的"工程属性"命令，在"通用"选项卡的"工程名称"框中输入"Menul"，单击"确定"按钮；将窗体命名为"Menu1.Frm"，工程命名为"Menu1.Vbp"，皆保存在考生文件夹中。

2. 单击"工具"菜单的"菜单编辑器"命令，打开"菜单编辑器"窗口。

3. 在"标题"栏中输入菜单项的标题"插入(&I)"，在"名称"栏中输入菜单项的名称"插入"。

4. 单击"下一个"按钮，再单击"→"按钮，使用与步骤 3 相似的方法输入下级菜单项"曲面"；使用类似的操作，输入如下所示的菜单：

```
        插入(I)      窗口(W)
        曲面         √水平平铺
        特征         排列图标
               - - - -
        返回(CtrI+B)
```

5. 说明：分隔条的标题为"–"，名称为"FGT"；选中"水平平铺"菜单项的"复选"框；在"返回"菜单项的"快捷键"下拉列表框中选择"Ctrl+B"；取消"特征"菜单项的"有效"复选框。

6. 单击"工程"菜单的"添加文件"命令，将考生文件夹下的"sjt.Frm"文件添加到本工程。

7. 添加如下所示的菜单事件过程代码：

```
Private_Sub 曲面_Click()
    Vbbc.Show
End Sub
Private Sub 返回_Click()
    End
End Sub
```

8. 调试运行并保存工程，然后单击"文件"菜单的"生成 Menul.exe"命令，生成 Menul.exe。

样 题

一、单项选择题（每题1分，共20分）

1. 运行以下程序后，输出结果为_____。
   ```
   x%=1/4: y%=11/4
   PRINT x%; y%
   ```
   A. 0.25   0.75   B. 0   2   C. 0   3   D. 13

2. 下面的_____语句可以实现：先在窗体上输出大写字母 A，然后在同一行的第 10 列输出小写字母 b。

   A. Print"A"；Tab(9)；"b"   B. Print"A"；Spc(8)；"b"

   C. Print"A"；Space(10)；"b"   D. Print"A"；Tab(8)；"b"

3. 阅读下面的程序段：
   ```
   n1=InputBox("请输入第一个数:"): n2=InputBox("请输入第二个数:")
   Print n1+n2
   ```
   当输入分别为 111 和 222 时，程序输出为_____。

   A. 111222   B. 222   C. 333   D. 程序出错

4. 语句 Print Format("HELLO","<")的输出结果是_____。

   A. HELLO   B. hello   C. He   D. he

5. 语句 Print(a=2)And(b=-2)的输出结果是_____。

   A. True   B. 结果不确定   C. -1   D. False

6. 以下程序段运行后，输出字符的排列顺序是_____。
   ```
   For i=1 To 6
     If i Mod 2=0 Then Print"#"; Else Print"*";
   Next i
   ```
   A. #*#*#   B. #####   C. *****   D. *#*#*#

7. 用 MSGBOX 函数显示的对话框，以下叙述正确的是_____。

   A. 该对话框有一个"确定"按钮

   B. 该对话框有"是"、"否"两个按钮

  C. 该对话框有"是"、"否"、"取消"3 个按钮

  D. 该对话框通过选择参数可以得到以上不同的按钮组合

8. 与语句 Dim abc%作用相同的语句是_____。

  A. Dim abc As Integer   B. Dim abc As Long

  C. Dim abc As String   D. Dim abc As Date

9. 要使变量 x 赋值为 1~100（含 1，不含 100）的一个随机整数，正确的语句是_____。

  A. x=Int(100*Rnd)   B. x=Int(101*Rnd)

  C. x=1+Int(100*Rnd)   D. x=1+Int(99*Rnd)

10. Visual Basic 表达式 Cos(0)+Abs(1)+Int(Rnd(1))的值是_____。

  A. 1   B. −1   C. 0   D. 2

11. 表达式 Int(5*Rnd+1)*Int(5*Rnd−1)值的范围是_____。

  A. [0, 15] B. [−1, 15] C. [−4, 15] D. [−5, 15]

12. 当函数 MsgBox 返回值为 1，对应的符号常量是 vbOK，那么此时表示用户做的操作是_____。

  A. 用户单击了对话框中的"确定"按钮

  B. 用户单击了对话框中的"取消"按钮

  C. 用户单击了对话框中的"是"按钮

  D. 用户单击了对话框中的"否"按钮

13. 在 Visual Basic 中，InputBox 函数的默认返回值类型为字符串，用 InputBox 函数输入数值型数据时，下列操作中可以有效防止程序出错的操作是_____。

  A. 事先将要接收的变量定义为数值型

  B. 在函数 InputBox 前面使用 Str 函数进行类型转换

  C. 在函数 InputBox 前面使用 Value 函数进行类型转换

  D. 在函数 InputBox 前面使用 String 函数进行类型转换

14. 表达式 Len("123 程序设计 ABE")的值是_____。

  A. 10   B. 14   C. 20   D. 17

15. 赋值语句 g=123+Mid（"123456"，3,2）执行后，变量 g 的值是_____。

  A. "12334" B. 123   C. 12334   D. 157

16. 如果 x 是一个正实数，对 x 的第 3 位小数四舍五入的表达式是_____。

  A. 0.01*Int(x+0.005)   B. 0.01*Int(100*(x+0.005))

  C. 0.01*Int(100*(x+0.05))   D. 0.01*Int(x+0.05)

17. MsgBox 函数返回值的类型是_____。

  A. 整数   B. 字符串   C. 逻辑值   D. 日期

18. 使用下列语句：Dim x（1 to 10,3）As Single，则数组占用内存空间的字节数是_____。

  A. 132   B. 80   C. 160   D. 120

19. 若 x=1，执行语句 If x Then x=0 Else x=1 的结果是_____。

  A. 实时错误 B. 编译错误   C. x=1   D. x=0

20. 下列程序段的循环结构执行后，i 的输出值是_____。

```
Dim y as Integer
For i=1 To 10 Step 2
    y=y+i
```

```
Next i
Print i
```

A. 25 B. 10

C. 11 D. 因为 y 初值不知道，所以不确定

二、判断题（每题 1 分，共 10 分）

1. 在 Visual Basic 中，过程代码可以存放在窗体模块和标准模块中，而不能存放在类模块中。

2. 按变量的作用范围分类，过程级变量属于局部变量，而模块级变量则属于全局变量。

3. Sub 过程不能通过其过程名返回值。

4. 在用 Call 带参调用 Sub 过程时必须把参数放在括号里。

5. 在调用过程时，参数的传递有按地址和按值两种传递方法。

6. 事件驱动的编程机制中，事件过程的执行顺序取决于程序流程。

7. 窗体打开时，将依次发生以下事件：Load、Initialize、Activate。

8. 在显示模式窗体时，应用程序中的其他窗体仍可以继续操作。

9. MDI 窗体与普通窗体一样可直接在窗体上放置各种控件。

10. 可以通过设置列表框属性，允许用户从列表框的列表项中同时选择多项，组合框则无法多选，但允许用户进行文本输入。

三、填空题（每题 1 分，共 20 分）

1. 要使 VB 窗体最大化按钮不可用，应将其_____属性设置为 False。

2. 滚动条响应的常用事件有_____和 Change 事件。

3. 在代码中清除图片框的内容使用的函数名称是_____。

4. 扩展名为.frm 的文件表示_____文件。

5. 标准模块文件的扩展名为_____。

6. 在 Visual Basic 中，错误的类型大致可分为 3 种：_____、运行时错误和逻辑错误。

7. Visual Basic 有 3 种工作模式，即设计模式、_____和中断模式。

8. 在 Visual Basic 中，对象的_____是用来描述一个对象外部特征的。

9. 执行下面的程序段后，变量 s 的值为_____。
```
s=5
For i=3 to 5
    i=i+1: s=s+1
Next i
```

10. 表达式 Fix(-32.68)+Int(-23.02)的值为_____。

四、基本操作题（共 15 分）

在考生文件夹中，完成以下要求：

1. 启动工程文件 sjt.Vbf，将该工程文件的工程名称改为"Spks"，并将该工程中的窗体文件 sit.frm 的窗体名称改为"vbbc"，窗体的标题为 "二级 VB" 考试。程序运行如图 1 所示。

2. 在窗体上增加以下控件：定时器 Timer1，时间间隔值为 10；图片框 Picturel；标签 Label1 放置在图片框中，标签的大小自动调整；标签 Labcl2 的标题为 "快"；文本框 Text1 放置在图片框下方；水平滚动条 Hscroll1，最小值为 0，最大值为 100。

3. 按如下要求编写代码：文本框中输入的字符自动显示为标签 Label1 的标题；标签 Label1

自动向左移动，移出图片框后又从右边进入（提示：编程使得当标签的 Left<-1000 时，重置 Left=10000）；拖动水平滚动条时，将调整移动的速度。

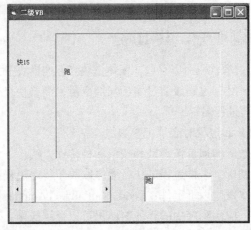

图 1

4. 请先调试、运行，然后将工程、窗体保存。

五、简单应用题（共 20 分）

在考生文件夹中，完成以下要求：

1. 启动工程文件 Prog1.Vbp，将该工程文件的工程名称改为 "Spks"，并将该工程中的窗体文件 Progl.frm 的窗体名称改为 "Prog1"，窗体的标题为 "数据计算"。

2. 请在窗体适当位置增加以下控件：一个标签 Label1，标题为 "计算结果"；一个文本框 Text1；两个命令按钮（名称分别为 C1 和 C2，标题分别为 "计算" 和 "保存"），如图 2 所示。

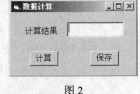

图 2

3. 编写程序，计算 S 的近似值，直到最后一项的绝对值小于 10^{-5} 为止（要求将存放结果的变量类型定义成单精度浮点型）。

$$S = 1 - \frac{1}{3!} + \frac{1}{5!} + \cdots + (-1)^{n-1} \frac{1}{(2n-1)!}$$

4. 要求程序运行后，单击 "计算" 按钮，计算并将结果显示在文本框中；最后单击 "保存" 按钮，将结果存入考生文件夹中的文件 "kssj.dat" 中。

5. 在考生文件夹下有标准模块 Prog1.bas，其中的 Putdata 过程可以把结果存入指定的文件，要求把这个模块文件添加到当前的工程中，直接调用该过程。

6. 请先将工程、窗体与模块保存，然后调试、运行并生成可执行文件：Prog1.exe。

六、综合应用题（共 15 分）

在考生文件夹中建立一个名称为 "Vbcd" 的工程文件 Menu1.Vbp，并在工程中建立一个名称为 "Menu1" 的菜单窗体文件 Menu1.frm，要求：

1. 菜单格式与内容如下：

格式(O)　　窗口(W)

图层　　　　√水平平铺

颜色　　　　　　垂直平铺

－ － － －

返回(Ctrl+B)

其中，括号内的字符为热键；分隔条的名称为 FGT，其他菜单与子菜单的名称与标题相同，但不含热键；√：复选标记；Ctrl+B：设置为快捷键。

2. 将考生文件夹下的窗体文件 SJT.frm 添加进本工程。

3. 除"图层"菜单的 Click()事件调用 SJT.frm 窗体，"返回"子菜单的 Click()事件执行 End 语句，其他菜单和子菜单执行任何操作。

4. 调试运行并生成可执行程序：Menu1.exe。

参 考 答 案

一、单项选择题（每题 1 分，共 20 分）

1. C　　2. B　　3. A　　4. B　　5. D　　6. D　　7. D

8. A　　9. D　　10. D　　11. D　　12. A　　13. A　　14. A

15. D　　16. B　　17. A　　18. C　　19. D　　20. C

二、判断题（每题 1 分，共 10 分）

1. ×　　2. ×　　3. √　　4. √　　5. √

6. ×　　7. ×　　8. ×　　9. ×　　10. √

三、填空题（每题 1 分，共 20 分）

1. MaxButton　　2. Scroll　　3. Loadpicture()　　4. 窗体　　5. .bas

6. 编译错误　　7. 运行模式　　8. 属性　　9. 7　　10. 56

四、基本操作题（共 15 分）

按照题目的要求设计界面、控件及其属性值并编写代码。参考程序如下：

```
Private Sub Hscroll1_Change()
   Timer1.Interval=Hscroll1.value
End Sub
Private Sub Text1_Change()
   Label1.caption=Text1.text
End Sub
Private Sub Timer1.Timer()
  Label1.left=Label1.1eft-100
  If Label1.1eft<- 1000 Then Label1.1eft=10000
End Sub
```

五、简单应用题（共 20 分）

按照题目的要求设计界面、控件及其属性值并编写代码。

参考程序如下：

```
Dim k as integer, I as integer, f as integer, s as single, t as single
Private Sub C1_Click()
  S=1:k=1:t=1
  Do
    K=k+2
    T=1
    For i=1 to k
      T=t*i
    Next i
    F=- f
    S=s+f/t
  Loop until 1/t<0.00001
  Textl=s
End Sub
Private Sub C2_Click()
  Call putdata("kssj.dat", s)
End Sub
```

六、综合应用题（共 15 分）

操作步骤如下：

1. 新建一个工程，在窗体的属性窗口将其名称改为"Menu1"，单击工程菜单的工程属性命令，在通用选项卡的工程名称框中输入"Menul"，单击"确定"按钮；将窗体命名为"Menul.frm"，工程命名为"menul.vbp"，皆保存在考生文件夹中。

2. 单击工具菜单的菜单编辑器命令，打开菜单编辑器窗口。

3. 在标题栏中输入菜单项的标题"格式(&O)，在名称栏中输入菜单项的名称"格式"。

4. 单击"下一个"按钮，再单击"→"按钮，使用与步骤 3 相似的方法输入下级菜单项"图层"，直到输完所有菜单项。

5. 说明：分隔条的标题为"-"，名称为"FGT"，在"返回"菜单项的快捷键下拉列表框中选择"Ctrl+B"；选中"水平平铺"菜单项的"复选"框。

6. 单击工程菜单的"添加文件"命令，将考生文件夹下的"sjt.frm"文件添加到本工程。

7. 添加如下所示的菜单事件过程代码：

```
Private sub 图层_click()
  Vbbc.show
End sub
Private sub 返回_click()
  End
End sub
```

8. 保存工程并调试运行，然后单击文件菜单的"生成 Menu1.exe"命令，生成可执行文件 Menu1.exe。

第4套

Visual Basic 程序设计无纸化考试样题及参考答案

样　　题

一、单项选择题（每题1分，共20分）

1. Visual Basic 6.0 的标准化控件位于 IDE（集成开发环境）中的_____窗口内。
   - A. 工具栏
   - B. 工具箱
   - C. 对象浏览器
   - D. 窗体设计器

2. 关于 Visual Basic 应用程序正确的叙述是_____。
   - A. Visual Basic 程序运行时，总是等待事件被触发
   - B. Visual Basic 程序设计就是编写代码
   - C. Visual Basic 程序是以线性方式顺序执行的
   - D. Visual Basic 的事件可以由用户随意定义，而事件过程是系统预先设置好的

3. 保存文件时，窗体的所有数据以_____存储。
   - A. *.prg
   - B. *.frm
   - C. *.vbp
   - D. *.exe

4. 下列哪组语句可以将变量 a,b 的值互换_____。
   - A. a=b:b=a
   - B. a=a+b:b=a−b:a=a−b
   - C. a=c:c=b:b=a
   - D. a=(a+b)/2:b=(a−b)/2

5. 以下程序段执行后，整型变量 n 的值为_____。
   ```
   year1==2004
   n= year1\4+ year1\400-year1\100
   ```
   - A. 486
   - B. 496
   - C. 506
   - D. 466

6. 将一文本框与数据控件相关联，需要设定文本框的_____属性。
   - A. DataMember
   - B. Datafield
   - C. DataSource
   - D. DataFormat

7. 窗体 Form1 上有 2 个文本框 Text1、Text2 和 1 个命令按钮 Command1，编写如下 2 个事件过程：
   ```
   Private Sub Commandl_Click()
       a=Textl.Text+Text2.Text:Print a
   End Sub
   ```

```
Private Sub Form_Load()
    Textl.Text="123":Text2.Text="321"
End Sub
```

程序运行时点击 Command1 按钮，窗体上显示的运行结果是_____。

  A. 444   B. 123321   C. 321123   D. 132231

8. 在窗体上添加 3 个文本框，名称分别为 Text1、Text2、Text3，1 个命令按钮 Command1。如果在 Text1 中输入 150，Text2 中输入数 200，则执行下列程序后，Text3 中显示的数为_____。

```
Private Sub Commandl_Click()
  Dim m As Integer, n As Integer
  m=Val(Text1.Text) : n=Val(Text2.Text)
  If m<n Then t=m : m=n : n=t
   Do
     r=m Mod n : m=n : n=r
   Loop While r<>0
   Text3.Text=Str(m)
End Sub
```

  A. 200   B. 150   C. 100   D. 50

9. 以下程序段的执行结果是_____。

```
a=10:y=0
Do
  a=a+2
  y=y+a
  If y>20 Then
     Exit Do
  End If
Loop While a<=14
Print"a=";a;"y=";y
```

  A. a=18 y=24 B. a=14 y=26 C. a=14 y=24 D. a=12 y=12

10. 以下叙述中错误的是_____。

  A. 在工程资源管理器窗口中只能包含一个工程文件及属于该工程的其他文件

  B. 以.bas 为扩展名的文件是标准模块文件

  C. 窗体文件包含该窗体及其控件的属性

  D. 一个工程中可以含有多个标准模块文件

11. 关于 VB 中的监视表达式，错误的叙述是_____。

  A. 监视表达式不能引起中断   B. 可使监视表达式为真时引起中断

  C. 可使监视表达式的值变化时引起中断 D. 监视表达式可以监视对象

12. 以下程序段的运行结果是_____。

```
Private Sub Form_Click()
    Dim x() As String
    a="How are you!"
    n=Len(a)
    ReDim x(1 To n)
    For i=n To lStep-1
        x(i)=Mid(a,i,1)
    Next I
    For i=1 To n
        Print x(i);
```

```
    Next i
  End Sub
```

A. !uoy era who　　B. !uoy era who　　C. How are you!　　D. how are you!

13. 以下程序段的运行结果是_____。

```
Private Sub Form_lick()
    Dim nsumn As Integer
    nsum=1
    For i=2 To 4
        nsum=nsum+factor(i)
    Next i
    Print nsum
End Sub
Function factor(ByVal n As Integer)As Integer
    Dim temp As Integer
    temp=1
    For i=1 To n
        temp=temp*i
    Next i
    factor=temp
    End Function
```

A. 10　　　　　　　B. 13　　　　　　C. 23　　　　　　D. 33

14. 以下程序段的运行结果是_____。

```
Private Sub Form-Click()
    Dim s As String, once As String, sum As Integer
    For i=1 To 5
        once=InputBox("请输入一个字符即")            '分别输入 A,C,A,D,E
        sum = sum+checks(once, s)
    Next i
    Print s;sum
End Sub
Private Function checks(ByVal x As String, y As String)As Integer
    If x<>"A"Then
        y=y+x
        checks=1
    End If
    End Function
```

A. ACA　3　　　B. ACA　5　　　C. CDE　3　　　D. CDE　5

15. 以下程序段的运行结果是_____。

```
    Private Sub Form_Click()
    Dim i As Integer, y As Integer
    i=0
    Do While i<=4
        y=fa(i+1)
        i=i+1
    Loop
    Print y
End Sub
Function fa(x As Integer)As Integer
    Dim term As Integer, i As Integer
    term=1
    For i=1 To x
```

```
        Term = term * i
    Next i
    fa=term
End Function
```
  A. 110   B. 120   C. 130   D. 140

16. 运行下列程序时，如果连击 3 次 cmd1，且输入 9,3,16，获得的运行结果分别是_____。

```
Private Sub Cmdl_Click()
    Dim x%,y%
    x=Val(InputBox("输入数据"))
    If Int(Sqr(x))<>Sqr(x)Then
        y=x * x
    Else
        y=Sqr(x)
    End If
    Forml.Textl.Text=Str(y)
End Sub
```
  A. 3、3、4   B. 81、9、256 C. 3、9、4   D. 9、3、16

17. 设输入的数据分别为 14、3 时，标签 Label1 中显示的值分别是_____。

```
Private Sub Form_Click()
    Dim a As Integer
    a=Val(1nputBox("请输入一个数"))
    Select Case a Mod 5
    Case Is<2
        W=a+10
    Case Is<4
        w=a * 2
    Case Else
        w=a-10
    End Select
    Label1.Caption=Str(w)
End Sub
```
  A. 4、6   B. 6、4   C. 24、6   D. 6、24

18. 下列程序段的运行结果是_____。

```
Private Sub Commandl_Click()
    Dim a(3)As Long
    a(0)=l:a(1)=2:a(2)=3:a(3)=4
    j=1
    For i=3 To 0 Step -1
        s=s+a(i) * j
        j=j * 10
    Next i
    Print s
End Sub
```
  A. 4321   B. 1234   C. 34   D. 12

19. 在窗体上画一个名称为 Command1 的命令按钮，然后编写如下事件过程：

```
Private Sub Command1_Click()
    Dim x%,n%,i%,j%
    n=InputBox("")
    For i=1 To n
        For j=1 To i
```

```
            x=x+1
        Next j
    Next i
    Print x
End Sub
```

程序运行后，单击命令按钮，如果输入 3，则在窗体上显示的内容是＿＿＿＿。

    A．3　　　　　　　B．4　　　　　　　C．5　　　　　　　D．6

20．表达式 X+1>X 是＿＿＿＿。

    A．算术表达式　　B．非法表达式　　C．字符串表达式　　D．关系表达式

二、判断题（每题 1 分，共 10 分）

1．定时器控件的时间间隔设为 0 或 Enabled 属性设为 False，都将停止触发 Timer 事件。

2．通用对话框（CommonDialog）控件可以分别显示打开、保存、打印、颜色、字体和帮助对话框。

3．若要使命令按钮不可见，则可设置 Enabled 属性为 False 来实现。

4．Input#语句是从文件中读取数据项，Line Input#读取的是文件中的一行，而 InputBox 函数要求从键盘输入数据。

5．DoEvents 将控制权切换到操作环境内核，使后台事件能够得到处理。

6．一个 VB 工程中可以存在多个 MDI 窗体。

7．VB 程序中的菜单项只能在设计模式下通过菜单编辑器增减。

8．由于 VB 只能以解释方式运行，所以运行速度慢。

9．在 VB 中编译生成的可执行文件可以直接复制到任何一台安装有 Windows 系统的计算机上运行。

10．在过程开始放置一条语句 On Error Resume Next，则当执行该过程并发生运行错误时，程序将停在发生错误的语句行，并给出错误提示。

三、填空题（每题 1 分，共 20 分）

1．表达式 Ucase(Mid("abcdefgh",3,4)) 的值是＿＿＿＿。

2．使命令按钮不起作用，应将按钮的＿＿＿＿属性设置为 False。

3．若用户单击命令按钮 Command1，则此时将被执行的事件过程名为＿＿＿＿。

4．创建一个 MDI 子窗体，只需把一个普通窗体的＿＿＿＿属性设为 True 即可。

5．将通用对话框 Commondialog1 的类型设置成"颜色"对话框，可调用该对话框的＿＿＿＿方法。

6．以下循环的执行次数是＿＿＿＿。
```
K=0
DoWhile K<=10
    K=K+1
Loop
```

7．下列程序的执行结果为＿＿＿＿。
```
A="1"
B="2"
A=Val(A)+Val(B)
B=Val("12")
```

```
If A<>B Then Print A-B Else Print B-A
```

8. 菜单项对象的_____属性控制菜单项是否变灰（失效）。

9. 菜单控件只有一个事件，它是_____事件。

10. C<="0"And C>="9"or c>="A"and c<="A"的值为_____。

四、基本操作题（共 15 分）

在考生文件夹中，完成以下要求：

1. 启动工程文件 Sjt.Vbp，将该工程文件的工程名称改为"Spks"，并将该工程中的窗体文件 sjt.frm 的窗体名称改为"vbbc"。

2. 请在适当位置添加控件：一个驱动器列表框 Drive1；一个目录列表框 Dir1；一个文件列表框 File1，自动过滤出扩展名为 BMP 和 JPG 的图形文件；一个图像框 Image1，其中的图片自动匹配图像框的大小（以上操作在属性窗口中完成）。

3. 按要求编写代码，使得驱动器列表框、目录列表框和文件列表框同步工作；文件列表框中显示扩展名为 BMP 和 JPG 的图形文件；当单击文件列表框中的某个图形文件时，图像框中显示出该图片（可为机器上任意扩展名为 BMP 和 JPG 的图形文件）。运行后如图 1 所示。

图 1

4. 请先调试、运行，然后将工程、窗体保存。

五、简单应用题（共 20 分）

在考生文件夹中，完成以下要求：

1. 启动工程文件 Prog1.Vbp，将该工程文件的工程名称改为"Spks"，并将该工程中的窗体文件 Progl.frm 的窗体名称改为"Prog1"。

2. 请在窗体适当位置增加以下控件：1 个标签（名称为 label1，标题为"100~200 的素数和为"），一个文本框（名称为 Text1，文本内容为空）和 2 个命令按钮（名称分别为 Command1、Command2，标题分别为"计算"、"保存"），将窗体标题改为"求素数和"，如图 2 所示。

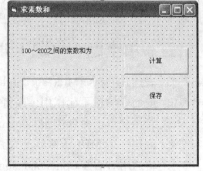
图 2

3. 要求程序运行后，单击"计算"按钮，在 Text1 中显示出 100~200 的素数和；单击"保存"按钮，将计算结果存入考生文件夹中的文件"kssj.dat"中。

4. 在考生文件夹下有标准模块 Progl.bas，其中的 Putdata 过程可以把结果存入指定的文件，要求把该模块文件添加到当前工程中，直接调用该过程。

5. 请先将工程、窗体与模块保存，然后调试、运行并生成可执行文件 Progl.exe。

六、综合应用题(共 15 分)

在考生文件夹中建立一个名称为"Vbcd"的工程文件 Menul.Vbp，并在工程中建立一个名称为"Menu1"的菜单窗体文件 Menu1.frm，要求如下。

1. 菜单格式与内容如下：

  编辑(E)   插入(I)

查找　　　　　图片
替换(Ctrl+H)　文本框

退出

其中，括号内的字符为热键；

分隔条的名称为 FGT，其他菜单与子菜单的名称与标题相同，但不含热键；

Ctrl+H：设置为快捷键。

2. 将考生文件夹下的窗体文件 sjt.frm 添加进该工程。

3. 除"替换"菜单的 Click()事件调用 sit.frm 窗体，"退出"子菜单的 Click()事件执行 End 语句，其他菜单和子菜单不执行任何操作。

4. 调试运行并生成可执行文件：Menul.exe。

参考答案

一、单项选择题（每题 1 分，共 20 分）

1. B　　2. A　　3. B　　4. B　　5. A　　6. C　　7. B　　8. D　　9. B　　10. A
11. A　　12. C　　13. D　　14. C　　15. B　　16. C　　17. A　　18. B　　19. D　20. D

二、判断题（每题 1 分，共 10 分）

1. √　　2. √　　3. ×　　4. √　　5. √　　6. ×　　7. ×　　8.　　　　　.　　　　　　×
9. ×　　10. ×

三、填空题（每题 1 分，共 20 分）

1. "CDEF"　　2. Enabled　　3. Command1_click()　　4. MDIChild　　5. showcolor
6. 11　　7. −9　　8. Enabled　　9. Click　　10. true

四、基本操作题（共 15 分）

按照题目的要求设计界面、控件及其属性值并编写代码。

参考程序如下：

```
Private Sub Dir1_Change()
   File1.path=Dir1.path
End Sub
Private Sub Drive1_Change()
   Dir1.path=Drive1.drive
End Sub
Private Sub File1_Click()
   If len(file1.path)=3 then
      Lmage1.picture=loadpicture(file1.path & file1.filename)
Else
      Lmage1.picture=loadpicture(file1.path & "\"& file1.filename)
   End if
End Sub
```

五、简单应用题（共20分）

按照题目的要求设计界面、控件及其属性值并编写代码。

参考程序如下：

```
Private Sub Command1_Click()
  For n=101 to 200 step 3
    F=1
    For i=2 to n-1
      If n mod I=0 tllen f=0 : exit for
    Next i
    lf f=1 then s=s+n
  Next n
  Text1=s
End Sub
Private Sub Command2_Click()
  Call putdat("kssj.dat", textl.text)
End Sub
```

六、综合应用题（共15分）

操作步骤如下：

1. 新建一个工程，在窗体的属性窗口将其名称改为"Menu1"，单击工程菜单的工程属性命令，在通用选项卡的工程名称框中输入"Menu1"，单击"确定"按钮；将窗体命名为"Menu1.frm"，工程命名为"menu1.vbp"，皆保存在考生文件夹中。

2. 单击工具菜单的菜单编辑器命令，打开菜单编辑器窗口。

3. 在标题栏中输入菜单项的标题"编辑(&E)"，在名称栏中输入菜单项的名称"编辑"。

4. 单击"下一个"按钮，再单击"→"按钮，使用与步骤3相似的方法输入下级菜单项"查找"，直到输完所有菜单项。

5. 说明：分隔条的标题"–"，名称"FGT"，在"替换"菜单项的快捷键下拉列表框中选择"Ctrl+H"。

6. 单击工程菜单的"添加文件"命令，将考生文件夹下的"sjt.frm"文件添加到本工程。

7. 添加如下所示的菜单事件过程代码：

```
Private sub 替换_click()
    Vbbc.show
End sub
PriVate sub 退出_click()
    End
End sub
```

8. 保存工程并调试运行，然后单击文件菜单的"生成 Menu1.exe"命令，生成可执行文件Menu1.exe。

第四部分

附录 Visual Basic 程序设计典型应用题——学生信息管理系统

Visual Basic 程序设计典型应用题 ——学生信息管理系统

随着学校规模的不断扩大，学生数量急剧增加，有关学生的各种信息量也成倍增长。面对庞大的信息量，就需要有学生信息管理系统来提高学生管理工作的效率，取代从前的手工操作。基于今后计算机网络的普及以及方便实现用户阅读及统一查阅，故使用 SQL Server 2000 做数据库系统，使用 VisuaI Basic 作为前台处理软件。

1 系统分析

1.1 系统功能分析

班级管理信息的输入，包括班级设置、年级信息等；班级管理信息的查询；班级管理信息的修改；学校基本课程信息的输入；基本课程信息的修改；学生课程信息的设置和修改；学生成绩信息的输入；学生成绩信息的修改；学生成绩信息的查询；学生成绩信息的统计。

1.2 系统功能模块分析

上述各功能的系统功能模块图如下。

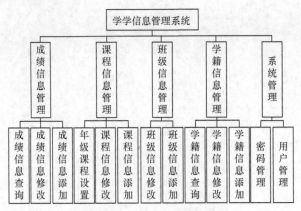

附图 3.1 系统功能模块图

2 数据库分析

数据库在一个信息管理系统中占有非常重要的地位，数据库结构设计的好坏将直接对应用系统的效率以及实现的效果产生影响。合理的数据库结构设计可以提高数据存储的效率。保证数据的完整和一致。同时，合理的数据库结构也将有利于程序的实现。

2.1 数据库需求分析

用户的需求具体体现在各种信息的提供、保存、更新和查询，这就要求数据库结构能充分满足各种信息的输出和输入。

针对一般学生信息管理系统的要求，通过对学生学习过程的内容和数据流程分析，设计如下的数据项和数据结构。

（1）学生基本信息：学生学号、学生姓名、性别、出生日期、班号、联系电话、入校日期、家庭地址、备注等。

（2）班级信息：班号、所在年级、班主任姓名、所在教室等。

（3）课程基本信息：课程号、课程名称、课程类别、课程描述等。

（4）课程设置信息：年级信息、所学课程等。

（5）学生成绩信息：考试编号、所在班号、学生学号、学生姓名、所学课程、考试分数等。

根据上面的数据结构、数据项和数据流程，进行以下的数据库设计。

3 数据库设计

3.1 数据库概念结构设计

得到上面的数据项和数据结构后，设计出能够满足用户需求的各种实体，以及它们之间的关系。这些实体包含各种具体信息，通过相互之间的作用形成数据的流动。根据上面的设计规划出的实体有年级实体、学生实体、班级实体、课程实体。各个实体具体的描述及关系的 E-R 图如附图 3.2～3.6 所示。

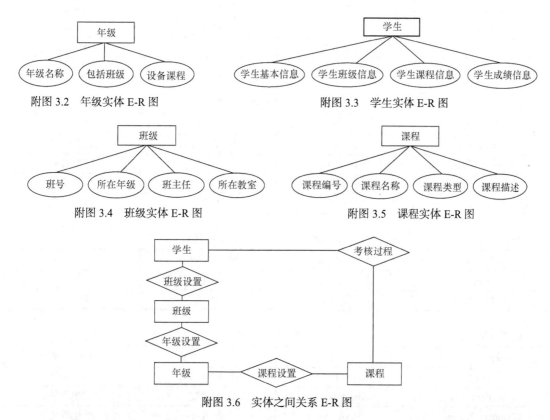

附图 3.2 年级实体 E-R 图   附图 3.3 学生实体 E-R 图

附图 3.4 班级实体 E-R 图   附图 3.5 课程实体 E-R 图

附图 3.6 实体之间关系 E-R 图

3.2 数据库逻辑结构设计

现在需要将上面的数据库概念结构转化为 SQL Server 2000 数据库系统所支持的实际数据模型，也就是数据库的逻辑结构。在上面的实体以及实体之间关系的基础上，形成数据库中的表格以及各个表格之间的关系。

学生信息管理系统数据库中各个表格的设计结果见附表 3.1～3.6。每个表格表示在数据库中的一个表。

附表 3.1   student_Info 学生基本信息表

列　　名	数 据 类 型	可 否 为 空	说　　明
student_ID	BIGINT(8)	NOT Null	学生学号（主键）
student_Name	CHAR(10)	Null	学生姓名
student_Gender	CHAR(2)	Null	学生性别
born_Date	DATETIME(8)	Null	出生日期
class_no	INT(4)	Null	班号
tel_Number	CHAR(10)	Null	联系电话
ru_Date	DATETIME(8)	Null	入校时间
address	VARCHAE(50)	Null	家庭住址
commenf	VARCHAR(200)	Null	注释

附表 3.2   class_Info 班级信息表格

列　　名	数 据 类 型	可 否 为 空	说　　明
class_No	INT(4)	NOI NULL	班号（主键）
grade	CHAR(10)	NUILL	年级
Director	CHAR(10)	NUILL	班主任
Classroom_No	CHAR(10)	NULL	教室

附表 3.3   course_Info 课程基本信息表

列　　名	数 据 类 型	可 否 为 空	说　　明
course_NO	INT(4)	NOT NULL	课程编号
course_Name	CHAR(10)	NULL	课程名称
course_Type	CHAR(100)	NULL	课程类型
course_Des	CHAR(50)	NULL	课程描述

附表 3.4   gradecourse_Info 年级课程设置表格

列　　名	数 据 类 型	可 否 为 空	说　　明
grade	CHAR(10)	NULL	年级
course_Name	CHAR(10)	NULL	课程名称

附表 3.5   result_Info 学生成绩信息表

列　　名	数 据 类 型	可 否 为 空	说　　明
cxam_No	CHAR(10)	NOT NULL	考试编号
student_ID	BIGINT(8)	NULL	学生学号
student_Name	CHAR(10)	NULL	学生姓名
class_NO	INT(4)	NULL	学生班号
course_Name	CHAR(10)	NULL	课程名称
result	FLOAT(8)	NULL	分数

附表 3.6   user_Info 系统用户表

列　　名	数 据 类 型	可 否 为 空	说　　明
user_ID	CHAR(10)	NOT NULL	用户名称（主键）
user_PWD	CHAR(10)	NULL	用户密码
user_DES	CHAR(10)	NULL	用户描述

3.3　数据库结构的实现

经过前面的需求分析和概念结构设计以后，得到数据库的逻辑结果。现在就可以在 SQL Srever 2000 数据库系统中实现该逻辑结果。利用 SQL Server 2000 数据库系统中的 SQL 企业分析器，创建 Student.sql 文件，其中包括 Student 数据库和以上 6 个数据表。

4　系统设计

4.1　学生信息管理系统主窗体的创建

上面的 SQL 语句在 SQL Server 2000 中的企业分析器执行后，将自动产生需要的所有表格。有关数据结构的所有后台工作已经完成。现在将通过学生信息管理系统中各个功能模块的实现，描述用 Visual Basic 来编写数据库系统的客户端程序。

该系统包括：工程文件 Student_Mis.vbp，标准模块文件 Modulel.bas，主窗体文件 frm-Main.frm，登录窗体文件 frmLogin.frm，添加用户窗体文件 frmAdduser.frm，修改用户密码窗体文件 frmModifyuserinfo.frm，添加学籍信息窗体文件 frmAddsinfo.frm，修改学籍信息窗体文件 frmModifysinfo.frm，查询学籍信息窗体文件 frmlnquiresinfo.frm，添加班级信息窗体文件 frmAddclassinfo.frm，修改班级信息窗体文件 frmModifysinfo.frm，添加课程信息窗体文件 frmAddcourseinfo.frm，修改课程信息窗体文件 frmModifycourseinfo.frm，设置年级课程窗体文件 frmsetcourseinfo.frm，添加成绩信息窗体文件 frmAddresult.frm，修改成绩信息窗体文件 frmModifyresult.frm，查询成绩信息窗体文件 frmlnquireresult.frm。

（1）创建一个工程名为 Student_MIS 的工程文件 Student_MIS.VBP。

（2）创建学生信息管理系统的主窗体 MDI 窗体，窗体名为 frmMain，窗体文件名为 frmMain.frm。

（3）创建主窗体的菜单。主窗体如附图 4.1 所示，菜单结构见附表 4.1。

附表 4.1   菜单结构表

对　　象	属　　性	属 性 值	对　　象	属　　性	属 性 值
主菜单项 1	名称	SysMenu	子菜单项 2	名称	ModifycinfoMenu
	标题	系统		标题	修改班级信
子菜单项 1	名称	adduserMenu	主菜单项 4	名称	CoursesetMenu
	标题	添加用户		标题	课程设置
子菜单项 2	名称	modifypwd Menu	子菜单项 1	名称	addcourseMenu
	标题	修改密码		标题	添加课程信息
子菜单项 3	名称	exitMenu	子菜单项 2	名称	modifycou rseMenu
	标题	退出系统		标题	修改课程信息
主菜单项 2	名称	sinfoMenu	子菜单项 3	名称	gradecourseMenu
	标题	学籍管理		标题	设置年级课程

续表

对象	属性	属性值	对象	属性	属性值
子菜单项 1	名称	addsinfoMenu	主菜单项 5	名称	result Menu
	标题	添加学籍信息		标题	成绩管理
子菜单项 2	名称	modifysinfoMenu	子菜单项 1	名称	addresultMenu
	标题	修改学籍信息		标题	添加成绩信息
子菜单项 3	名称	inquiresinfoMenu	子菜单项 2	名称	modifysinfoMenu
	标题	查询学籍信息		标题	修改成绩信息
主菜单项 3	名称	ClassinfoMenu	子菜单项 3	名称	inqui resinfoMenu
	标题	班级管理		标题	查询成绩信息
子菜单项 1	名称	AddcinfoMenu			
	标题	添加班级信息			

附学生信息管理系统主窗体代码如下：

附图 4.1　学生信息管理系统主窗体

```
Private Sub MDIForm_Load()
    Me.Left = GetSetting(App.Title,"Set-tings","MainLeft",1000)
    Me.Top = GetSetting(App.Title,"Set-tings","MainTopp", 1000)
    Me.Width = GetSetting(App.Title,"Set-tings","MainWidth",6500)
    Me.Height = GetSetting(App.Title,"Set-tings","MainHeight",6500)
End Sub
Private Sub addcinfoMenu_Click()
    frmAddclassinfo.Show
End Sub
Private Sub addcourseMenu_Click()
    frmAddcourseinfo.Show
End Sub
Private Sub addresult Menu_Click()
    frmAddresult.Show
End Sub
Private Sub addsinfoMenu_Click()
    FrmAddsinfo.Show
End Sub
Private Sub adduserMenu_Click()
    FrmAdduser.Show
End Sub
Private Sub exitMenu_Click()
```

```
            End
      End Sub
      Private Sub exitsinfoMenu_Click()
            Unload frmlnqUlrcinfo
      End Sub
      Private Sub gradecourseMenu_Cllick()
            FrmSetcourseinfo.Show
      End Sub
      Private Sub inquireresuh Menu_Click()
            FrmInquireresult.Show
      End Sub
      Private Sub inquiresinfoMenu_Click()
            FrmInquiresinfo.Show
      End Sub
      Private Sub modifycinfoMenu_Click()
            frmModifyclassinfo.Show
      End Sub
            Private Sub modifycourseMenu_Click()
      frm Modifvcourseinfo.Show
      End Sub
      Private Sub modifypwd Menu_Click()
            frmModifyuserinfo.Show
      End Sub
      Private Sub modifyresuhMenu_Click()
            frmModifyresult.Show
      End Sub
      Private Sub modifysinfoMenu_Click()
            frmModifysinfo.Show
      End Sub
      Private Sub MDIForm_Unload(CancelAs Integer)
            If Me.WindowState<>vbMini-mized Then
                  SaveSetting App.Title,"set-tings","MainLefl",Me.Left
                  SaveSetting App.I'itle,"Se-tings","Main Fop",Me.Top
                  SaveSetting App.Title,"Settings","MainWidth",Me.Width
                  SaveSetting App.Title,"Settings","MainHeight",Me.Height
            End If
      End Sub
```

（4）创建公用模块。在工程资源管理器中为项目添加一个名称为 Module 的标准模块文件 Module.bas。下面就可以开始添加需要的代码了。

由于系统中各个功能模块都将频繁使用数据库中的各种数据，因此需要一个公共的数据操作函数，用以执行各种 SQL 语句。添加函数 ExecuteSQL，代码如下：

```
Public Function ExecuteSQL(ByVal SQL As String,MsgString As_String)As ADODB.Recordset
'传递参数 SQL 传递查询语句，MsgString 传递查询信息自身以一个数据集对象的形式返回
      Dim cnn As ADODB.Connection              '定义连接
      Dim sTokens()As String
      On Error GoTo ExecuteSQL_Error            '异常处理
      STokens = Split(SQL)     '用 Split 函数产生一个包含各个子串的数组
      Set cnn = New ADODB.Connection            '创建连接
      cnn.Open ConnectString                    '打开连接
'判断字符串中是否含有指定内容
      If InStr("INSERT, DELETE, UPDATE", Ucase$(sTokens(0)))Then
```

```
        cnn.ExecuteSQL                                       '执行查询语句
        MsgString = sTokens(0)&"query successful"            '返回查询信息
    Else
        Set rst = New ADODB.Recordset                        '创建数据集对象
        rst.Open Trim$(SQL), cnn, adOpenKeyset, adEockOptimistic  '返回查询结果
        Set ExecuteSQL = rst                                 '返回记录集对象
        MsgString = "查询到"&rst.RecordCount&"条记录"
    End If
ExecuteSQL_Exit:
    Set rst=Nothing                                          '清空数据集对象
    Set cnn=Nothing                                          '中断连接
    EXIt Function
    ExecuteSQL_Error:                                        '错误类型判断
    MsgString="查询错误: " & Err.Description
    Resume E xecuteSQL_Exit
End Function
```

ExecuteSQL 函数有两个参数：SQL 和 MsgString。其中 SQL 用来存放需要执行的 SQL 语句，MsgString 用来返回执行的提示信息。函数执行时，首先判断 SQL 语句中包含的内容：当执行查询操作时，ExecuteSQL 函数将返回一个与函数同名的记录集对象（Recordset），所有满足条件的记录包含在对象中；当执行如删除、更新、添加等操作时，不返回记录集对象。

在 ExecuteSQL 函数中使用了 ConnectString 函数，这个函数用来连接数据库，代码如下：

```
Public Function ConnectString() As String               '返回一个数据库连接
    ConnectString="FileDSN=studentinfo.dsn; UID = sa;PWD="
End Function
```

这两个函数对任何数据库连接都是有效的。

由于在后面的程序中，需要频繁检查各种文本框的内容是否为空，这里定义了 Testtxt 函数，代码如下：

```
Public Function Testtxt(txt As String)As Boolean
    If Trim(txt) = ""Then                               '判断输入内容是否为空
        Testtxt = Flase
    Else
        Testtxt = True
    End If
Fnd Function
```

如果文本框内容为空，函数将返回 True，否则将返回 False。

由于学生信息管理系统启动后，需要对用户进行判断。如果登录者是授权用户，将进入系统，否则将停止程序的执行。这个判断需要在系统运行的最初进行，因此将代码放在公用模块中。代码如下：

```
Sub Main()
Dim fLogin As New frmLogin
FLogin.Show vbModal                                     '显示登录窗体
If Not fLogin.OK Then                                   '判断是否授权用户
    End
End If
Unload fLogin
Set fMainForm=New frmMain
```

```
    FmainForm.Show
End Sub
```

过程 Main 将在系统启动时首先执行，这就保证了对用户的管理。

系统需要知道登录用户的信息，定义全局变量 UserName：

```
Public UserName As String
```

4.2 系统用户管理模块的创建

系统用户管理模块主要实现用户登录、添加用户、修改用户密码。

（1）用户登录窗体的创建。系统启动后，将首先出现如图 4.2 所示的用户登录窗体，用户首先输入用户名，然后输入密码。如果用户 3 次输入密码不正确，将退出程序。

用户登录窗体中放置了 2 个文本框（TextBox），用来输入用户名和用户密码；2 个按钮（ConlmandButton）用来确定或者取消登录；4 个标签（Label）用来标示窗体的信息。这些控件的属性设置见附表 4.2。

图 4.2 用户登录窗体

附表 4.2　　　　　　　　　　　登录窗体中各个控件的属性设置

控　件	属　性	属 性 取 值	控　件	属　性	属 性 取 值
FrmL Login(Form)	Name	frmLogin	FmdOK	Name	CmdOK
	Gaption	登录		Caption	确定
	StarUpPosition	CenterScreen	CmdCancel	Name	CmdCanel
	WindowState	Nomal		Caption	取消
Txt UserName	Name	Txt UserName	Labell	Caption	学生管理信息系统
Txtpassword	Name	Txt Password	Label2	Caption	用户名
	PasswordCbar	*	Label3	Caption	用户密码

文本框 txtPasswordChar 属性是用指定字符来掩盖用户输入的密码。

为窗体定义全局变量 OK，用来判断登录是否成功；定义 miCount，用来记载输入密码的次数。并且在载入窗体时初始化这两个全局变量，代码如下：

```
Option Explicit                          '强制变量声明
Public OK As Boolean
Dim miCount As Integer
Private Sub Form_Load()                  '记录确定次数
    OK = False
    MiCount = 0
End Sub
```

当用户输入完用户名和密码，单击 emdOK 按钮将对用户信息进行判断。用户单击该按钮，将触发按钮 cmdOK 的 Click 事件，代码如下：

```
Private Sub cmdOK_Click()                '用来存放 SQL 语句
    Dim mrc As ADODB.Recordset           '用来存放记录集对象
    Dim MsgText As String
    UserNnine=""
    If Trim(txtUserName.Text="")Then     '判断输入用户名是否为空
    MsgBox"没有这个用户，请重新输入用户名!"vbOKOnly+vbExclamation, "警告"
    Else
'查询指定用户名的记录
    txtSQL = "select * from user_Info where user_ID = "& txtUserName.Text&""Set mre
= ExecuteSQL(txtSQL, MsgText)             '执行查询语句
```

```
    If mre.EOF = True then
        MsgBox"没有这个用户，请重新输入用户名!", VbOKOnly + vbExclamation, "警告"
    Else
        If Trim(mre.Field(1))=Trim(txtI Password.Text)Then    '判断输入密码是否正确
        OK=True
        MrC.Close
        Me.Hide
        UserName=Trim(txtUserName.Text)
        Else
        MsgBOX"输人密码不正确，请重新输人",vbOKOnlv+vbExclaITIation,"警告"
        TxtPassword.SetFocus
        TxtPassword.Text = ""
        End If
    End If
    End If
    '记载输人密码次数
        miCount = miCount+l
        If miCount = 3 Then
            Me.Hide
        End If
        End Sub
    End Sub
```

用户如果没有输入用户名和密码，将出现消息框提示。如果输入的用户名在用户表格中没有找到，将提示重新输入用户名，文本框 txtUserName 将重新获得输入焦点。如果用户输入的密码不正确，文本框 txtPassword 将重新获得焦点。用户登录成功，全局变量 OK 将被赋值为 True；一旦 3 次输入密码均不正确，全局变餐 OK 将被赋值为 False。公用模块中的 Main 过程将根据 OK 的值决定是退出还是进入系统。

如果用户取消登录，单击 clndCanccl 按钮，将触发按钮的 Click 事件，代码如下：

```
OK = False
Me.Hide
```

Me 是 Visual Basic 中一个常用的对象，用来指代当前对象本身。

（2）添加用户窗体的创建。进入系统后，选择菜单"系统｜添加用户"就可以添加用户，出现如附图 4.3 所示的窗体。

在这个窗体中放置了 3 个文本框，用来输入用户名和密码；2 个按钮用来确定是否添加用户；3 个标签用来标示文本框的提示。这些控件属性的设置见附表 4.3。

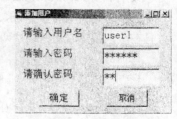

附图 4.3　添加用户窗体

附表 4.3　　　　　　　　　添加用户窗体中各个控件的属性设置

控　件	属　性	属性取值	控　件	属　性	属性取值
FrmAdduser (Form)	Name	FrmAdduser	CmdOK	Name	CmdOK
	Gaption	添加用户		Caption	确定
	StarUpPosition	CenterScreen	CmdCancel	Name	CmdCanel
	WindowState	Nomal		Caption	取消
Txt Password1	Name	Txt UserName	Labell	Caption	请输入用户名
Txt Password1	Name	Txt Password1	Label2	Caption	请输入密码
	PasswordCbar	*	Label3	Caption	请确定密码
Txt Password2	Name	Txt Password2			
	PasswordCbar	*			

用户需要两次输入密码，用来确保输入密码的正确。用户输入信息完毕，单击 cmdOK 将触发 Click 事件，代码如下：

```
PrivateSub cmdOK_Click()
    Dim txtSQL_As String
    Dim mrc As ADODB.Recordset
    Dim MsgText As String
    If Trim(Text(0).Text)=""Then                        '判断是否为空
        MsgBox"请输入用户名称!",vbOKOnly + vbExlamation, "警告"
        Exit Sub
        Textl(0).SetFocus
    Else
        TxtSQL="select*from user_Info"
        Set mrc=ExecuteSQL(txtSQL, MsgText)
        While(rare.EOF = False)        '判断记录集是否为空
            If Trim(mrc.Fields(0))=Trim(Text(0))Then        '判断是否有重复记录
            MsgBox"用户已存在，请重新输入用户名!",vbOKOnly+vbExlamation,"警告"
            Textl(0).SetFocus
            Textl(0).Text=""
            Textl(1).Text=""
            Textl(2).Text=""
            Exit Sub
            Else
            rare.MoveNext                               '移动到下一条记录
        End If
        End while
End If
If Trim(Textl(2).Text)<>Trim(TextI(2).Text)Then        '判断两次输入密码是否一致
MsgBox"两次输入密码不一致，请确认!",vbOKOnly + vbExclamation,"警告"
    Textl(1).SetFocus
    Textl(1).Text=""
    Text2(2).Text=""
    Exit Sub
Else
    If Textl(1).Text=""Then                            '请判断输入密码是否为空
        MsgBox"密码不能为空!",vbOKOnly+vbExclamation, "警告"
        Textl(1).SetFocus
        Textl(1).Text=""

        Textl(2).Text=""
    Else
        mrc.AddN ew                                   '添加新记录
        mrc.Fields(0)=Trim(Text(0).Text)
        mrc.Fidlds(1)=Trim(Text(1).Text)
        mrc.Update                                    '更新数据库
        mrc.Close                                     '关闭数据集对象
        Me.Hide
        MsgBox"添加用户成功!", VbOKOnly+vbExclamation, "添加用户"
    End If
    End If
End Sub
```

一旦输入完毕，系统将首先查询数据库中与新建用户名相同的记录，如果有相同记录将提示用户重新输入用户名。当确定数据库中没有相同的用户名，并且 2 次输入密码一致时，将把该条记录添加到数据库中。

单击 cmdCancel 按钮将取消添加用户的操作，代码如下：

```
Private sub cmdCancel_Click()
    Unload Me
End Sub
```

（3）修改用户密码窗体的创建。用户可以修改自己的密码，选择菜单"系统|修改密码"，出现如附图 4.4 所示窗体。这个窗体中放置了 2 个文本框，用来输入密码和确认密码；

2 个按钮用来确定是否修改密码；2 个标签用来标示文本框的内容。这些控件属性的设置见附表 4.4。

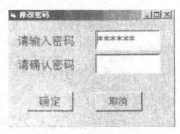

附图 4.4　修改密码窗体

附表 4.4　　　　　　　　　　修改用户密码窗体中各个控件的属性设置

控　件	属　性	属 性 取 值	控　件	属　性	属 性 取 值
FrmModifyuserinfo (Form)	Name	FrmModifyuserinfo	CmdOK	Name	CmdOK
	Caption	修改密码		Caption	确定
	StarUpPosition	CenterScreen	CmdCancel	Name	CmdCanel
	WindowState	Nomal		取消	Labell
TxtPasswordl	Name	TxtPassword1	Label1	Caption	请输入密码
	PasswordCbar	*	Label2	Caption	请确定密码
TxtPassword2	Name	TxtPassword2			
	PasswordCbar	*			

2 次输入密码后，单击 cmdOK 按钮，将触发 Click 事件判断是否修改密码，代码如下：

```
Private Sub Form_Load()
    Dim mrc as ADDODB.Recordset
    If Trim(Textl(1).Text)<>Trim(Text 1(2).Text)Fhen    '判断是否为空
        MsgBox"密码输人不正确!", vbOKOnly+vbExclamation, "警告"
        Text1(1).SetFocus
        Text1(1).Text=""
    Else
        FxtSQL="select*from user_Info where user_ID=''UserNanle &''"
        Set mrc = ExecuteSQL, (txtSOL, MsgText)
        mrc.Update
        mrc.Close
        MsgBox"密码修改成功!"vbOKOnly+vbExclamation,"修改密码"
        Me.Hide
    End If
End Sub
```

当 2 次输入密码一致时，数据库中的记录将更新。

4.3　学籍管理模块的创建

学籍信息管理模块主要实现如下功能：添加学籍信息、修改学籍信息、查询学籍信息。

（1）添加学籍信息窗体的创建。选择"学籍管理|添加学籍信息"菜单，将出现如附图 4.5 所示的窗体。

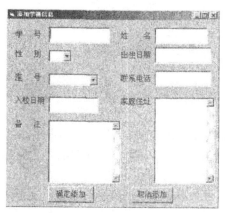

附图 4.5　添加学籍信息窗体

在窗体上放置多个文本框和下拉式文本框，用来输入学籍信息；2 个按钮用来确定是否添加学籍信息；多个标签用来提示文本框中需要输入的内容。这些控件的属性见附表 4.5。

附表 4.5　　　　　　　　　　添加学籍信息窗体中各个控件的属性设置

控　件	属　性	属性取值	控　件	属　性	属性取值
frmAddsinfo（Form）	Name	Frmsinfo	ComboClassNo	Name	ComboClassNo
	Caption	添加学籍信息	CmdOK	Name	CmdOK
	MDIChild	True		Caption	确定添加
TxtSID	Name	TxtSID	CmdCancel	Name	CmdCancel
TxtName	Name	TxtName		Caption	取消添加
TxtBorodate	Name	TxtBomdan	Label1	Caption	学号
TxtTel	Name	TxtTel	Label2	Caption	姓名
TxtRudate	Name	TxtRudate	Label3	Caption	性别
TxtAddress	Name	TxtAddress	Label4	Caption	出生日期
	ScrollBars	Vcrtical	Label5	Caption	班号
	MuhiLine	True	Label6	Caption	联系电话
TxtComment	Name	txtComment	Label7	Caption	入校日期
	ScrollBars	Vcrtical	Label8	Caption	家庭住址
	MuhiLine	True	Label9	Caption	备注
ComboGender	Name	ComboGender			

在载入窗体时，程序将自动在 2 个下拉式文本框中添加内容，这样可以规范化输入内容，代码如下：

```
Private Sub Form_Load()
    Dim mrc As ADODB.Recordser
    Dim txtSQL AS String
    Dim MsgText As String
    Dim i As Integer
'为列表框添加内容
    comboSex.AddItem"男"
    comboSex.Addltem"女"
```

```
        txtSQL = "select * from class _ Inlfo"
        Set mrc = ExecuteSQL(txtSQL, MsgText)
        For i = 1 To mrc. RecordCount                      '添加内容到列表框中
            ComboClassno. AddItem mrc.Fields(0)
            Mrc. MoveNext
          Next i
        mrc.Close                                          '关闭数据集对象
    End Sub
```

在班号选择的下拉式文本框中，将出现所有班级，用户不输入内容。

用户输入内容完毕后，单击 cmdOK 将触发 Click 事件，代码如下：

```
Private Sub cmdOK _ Click( )
    Dim mrc As ADODB. Recordset                        '定义数据集对象
    Dim txtSQL As String                               '定义字符串变量，表示查询信息
    Dim MsgText As String                              '定义字符串变量，返回查询信息
    If Not Testtxt(txtSID. Text) Then                  '判断是否输入学号
        MsgBox"请输入学号!", vbOKOnly + vbExclamation,"警告"
        txtSID. SetFocus
        Exit Sub
    End If
    If Not Testtxt(txtName. Text) Then                 '判断是否输入姓名
        MsgBox"请输入姓名! ", vbOKOnly + vbExclamation, "警告"
        txtName. SetFocus
        Exit Sub
    End If
    If Not Testtxt(comboSex. Text)Then                 '判断是否选择性别
        MsgBox"请选择性别!", vbOKOnly + vbExclamation ,"警告"
        comboSex. SetFocus
        Exit Sub
    End If
    If Not Testtxt(txtBorndate. Text) Then             '判断是否输入出生日期
        Ms gBox"请输入出生日期! ", vbOKOnly + vbExclamation ,"警告"
        txtBorndate. SetFocus
        Exit Sub
    End If
    If Not Testtxt(comboClassNo. Text) Then            '判断是否选择班号
        MsgBox "请选择班号!", vbOKOnly + vbExclamation,"警告"
        comboClassNo. SetFocus
      Exit Sub
    End If
    If Not Testtxt(txtTel. Text) Then                  '判断是否输入联系电话
        MsgBox "请输入联系电话!", vbOKOnly + vbExclamation,"警告"
        txtTel. SetFocus
        Exit Sub
    End If
    If Not Testtxt(txtRudate. Text) Then               '判断是否输入入校时期
MsgBox "请输入入校日期!", vbOKOnly + vbExclamation,"警告"
        txtRudate. SetFoeus
        Exit Sub
    End If
    If Not Testtxt(txtAddress. Text) Then              '判断是否输入家庭地址
```

```vb
            MsgBox "请输入家庭住址!", vbOKOnly + vbExclamation,"警告"
            txtAddress. SetFocus
            Exit Sub
        End If
        If Not IsNumeric(Trim(txtSID. Text)) Then          '判断输入学号是否数字
            MsgBox "请输入数字!", vbOKOnly + vbExclamation, "警告"
            Exit Sub
            txtSID. SetFocus
        End If
        txtSQL = "select * from student Info where student ID - ""& Trim (txtSID. Text ) & "'"
        Set mrc = ExecuteSQL(txtSQL, MsgText)
        If mrc. EOF = False Then                            '判断是否有重复记录
            MsgBox "学号重复, 请重新输入 !", vbOKOnly + vbExclamation, "警告"
            mrc. Close
            txtSlD. SetFocus
        Else
            mrc. Close
            If Not IsDate(txtBorndate. Text) Then           '判断输入的出生日期是否按照格式
                MsgBox "出生时间应输入日期格式 ( yyyy - mm - dd ) ! _
                ", vbOKOnly + vbExclamation,           "警告"
                txtBorndate. SetFocus
            Else
                txtBorndate    Format(txtBorndate, "yyyy - mm - dd")
            If Not lsDate(txtRudate. Text) Then             '判断输入的日期是否按照格式
                MsgBox "入校时间应输入日期格式 (yyyy - mm- dd) !", vbOKOnly +
                vbExclamation, "警告"
                txtRudate. SetFocus
            Else
                txtRudate = Format(txtRudate, "yyyy-mm- dd")           '格式化日期
                txtSQL = "select * from student _ Info"
                Set mrc = ExecuteSQL(txtSQL, MsgText)                  '执行查询操作
    mrc. AddNew            '添加记录
    '给每个字段赋值
                mrc. AddNew
                mrc. Fields(0) = Trim(txtSID. Text)
                mrc. Fields(1) = Trim(txtName. Text)
                mrc. Fields(2) = Trim(comboSex. Text)
                mrc. Fields(3) =Trim(txtBorndate. Text)
                rare. Fields(4) =Trim(comboClassNo. Fext)
                mrc. Fields(5) =Trim(txtTel. Text)
                rare. Fields(6) =Trim(txtRudate. Text)
                mrc. Fields(7) =Trim(txtAddress. Text)
                mrc. Fields(8) =Trim(txtComment. Text)
                mrc. Update      '更新数据库
                MsgBox"添加学籍信息成功!", vbOKOnly+vbExclamation, "警告"
                mrc. Close       '关闭数据集对象
                Me. Hide
            End If
        End If
    End If
End Sub
```

程序首先对是否输入内容进行判断，然后进行格式判断，使用了下面 2 个函数：

```
IsDate(txtBorndate. Text)          '判断数据是否日期格式
IsDate(txtRudate. Text)            '判断数据是否日期格式
```

判断是否有重复记录是很重要的，否则数据库中将发生错误。

单击按钮 cmdCancel 取消添加学籍信息，代码如下：

```
Private Sub cmdCancel _ Click()
Unload Me                          '卸载窗体
End Sub
```

（2）修改学籍信息窗体的创建。选择"学籍管理|修改学籍信息"菜单，将出现如附图 4.6 所示的窗体。这个窗体在添加学籍信息窗体的基础上增加 2 排按钮，所有控件的属性设置见附表 4.6。

附图 4.6　修改学籍信息窗体

附表 4.6　　　　　　　　　修改学籍信息窗体中各个控件的属性设置

控　件	属　　性	属性取值	控　件	属　　性	属 性 取 值
frmModifysinfo（Form）	Name	FrmModifysinfo	cmdLast	Name	cmdLast
	Caption	修改学籍信息		Caption	最后一条记录
	MDEChild	True	cmdEdit	Name	cmdEdit
txtName	Name	TxtName		Caption	修改记录
txtBorndate	Name	TxtBorndate	cmdUpdate	Name	cmdUpdate
txtSID	Name	TxtSID		Caption	更新记录
txtTel	Name	TxtTel	cmdCancel	Name	cmdCancel
txtRudate	Name	TxtRudate		Caption	取消修改记录
txtAddress	Name	TxtAddress	cmdDelete	Name	cmdDelete
	ScrollBars	Vertical		Caption	删除记录
	MuhiLine	True	Frarnel	Caption	查看学籍信息
comboGender	Name	ComboGender	Frarne2	Caption	修改学籍信息
txtComment	Name	TxtComment	Label1	Caption	学号
	Scrollbars	Vertical	Label2	Caption	姓名
	MuhiLine	True	Label3	Caption	性别
comboClassNo	Name	ComboClassNo	Label4	Caption	出生日期

控 件	属 性	属 性 取 值	控 件	属 性	属 性 取 值
cmdFirst	Name	CmdOK	Label5	Caption	班号
	Caption	第一条记录	Label6	Caption	联系电话
cmdPrevions	Name	CmdPrevions	Label7	Caption	入校日期
	Caption	上一条记录	Label8	Caption	家庭住址
cmdNext	Name	CmdNext	Label9	Caption	备注
	Caption	下一条记录			

第 1 排按钮用来方便的浏览数据库中各条记录，第 2 排按钮用来修改记录。由于记录集为整个窗体公用，需要将记录集对象定义为全局变量，代码如下：

```
Dim mrc As ADOOB. Rccordset              '定义数据集对象
Dim myBookmark As Variant                '定义书签，用来记载当前记录位置
Dim mcclean As Boolean                   '判断是否修改记录
```

myBookmark 用来记录数据集中当前记录的位置，mcclean 作为一个标志记录是否修改记录。

```
Private Sub Form _ Load()
Dim txtSQL As String
Dim MsgText As String
txtSQL = "select * from student _ Info"       'SQl 语句
Set mrc = ExecuteSQL (txtSQL, Msg'Fext         '执行查询操作
mrc. MovcFirst                                 '移到第一条记录
Call viewData                                  '显示数据
mcbookmark = mrc. Bookmark                      '记下当前记录的位置
mcclean = True                                 '给标志赋初值
End Sub
```

由于程序中各处需要显示数据，定义函数 viewData，代码如下：

```
Public Sub vicwData()
    txtSID. Text = mre. Fields(0)
    txtName. Text = mre. Fields(1)
    comboSex. Text = mrc. Fields(2)
    txtBorndate Text = Format(mrc. Fields(3), "yyyy - mm - dd" )
    comboClassNo. Text = mrc. Fields(4)
    txtTel. Text = mrc. Fields(5)
    txtRudate Text = Format(mrc Fields(6)  "yyyy - mm - dd" )
    txtAddress. Text = mrc. Fields(7)
    txtComment. Text = mrc. Fields(8)
End Sub
```

单击"第一条记录"按钮，将显示第一条记录，代码如下：

```
Private Sub firstCommand _ Click( )
    mrc. MoveFirst                 '移动到数据集的第一条记录
    Call viewData                  '调用显示数据的函数
End Sub
```

单击"最后一条记录"按钮，将显示最后一条记录，代码如下：

```
Private Sub lastCommand _ Click()
    mrc. MoveLast                  '移动到数据集的最后一条记录
    Call viewData                  '调用显示数据的函数
End Sub
```

单击"上一条记录"按钮，将显示上一条记录，代码如下：

```
Private Sub previousCommand _ Click()
    mrc. MovePrevious                          '数据集向前移动
    If mrc. BOF Then                           '判断是否到起始位置
        mrc. MoveLast
    End If
    Call viewData
End Sub
```

单击"下一条记录"按钮，将显示下一条记录，代码如下：

```
Private Sub nextCommand _ Click()
    mrc. MoveNext                      '数据集向后移动
If mrc. EOF Then                       '判断是否到末位置
    mrc. MoveFirst
End If
Call viewData
End Sub
```

程序后面很多地方都将用到类似的查看信息的方法，就不再赘述了。

单击"修改记录"按钮，将进入修改状态，各个文本框将有效。这时移动记录的按钮将失效，可以避免误操作，代码如下：

```
Private Sub editCommand _ Click()
    Mcclean = False
    Frame2. Enabled = False
    '使移动记录按钮失效
    firstCommand. Enabled = False
    previousCommand. Enabled = False
    nextCommand. Enabled = False
    lastCommand. Enabled = False
    '使各个文本框有效
    txtSID. Enabled = True
    txtName. Enabled = True
    comboSex. Enabled = True
    txtBorndate. Enabled = True
    comboClassNo. Enabled = True
    txtRudate. Enabled = True
    txtTel. Enabled = True
    txtAddress. Enabled = True
    txtComment. Enabled = True
    myBookmark = mrc. Bookmark                      '记下当前记录位置
End Sub
```

修改完毕后，单击"更新记录"按钮，将触发 Click 事件，代码如下：

```
Private Sub updateCommand _ Click( )
    Dim txtSQL As String
    Dim MsgText As String
    Dim mrcc As ADODB. Recordset
    If mcclean Then                                '判断是否处于修改状态
        MsgBox "请先修改学籍信息", vbOKOnly + vbExclamation, "警告"
        Exit Sub
    End If
'判断学号、姓名、性别、出生日期、班号、联系电话、入校日期、是否为空
'判断是否有重复记录
```

```
    txtRudate = Format(txtRudate, "yyyy - mm -dd")
mrc. AddNew
mrc. Fields(0) = Trim(txtS1D. Text)
mrc. Fields( 1 ) = Trim(txtName. Text)
mrc. Fields(2) = Trim(comboSex. Text)
rare. Fields(3) = Trim( txtBorndate. Text)
mrc. Fields(4) = Trim(comboClassNo. Text)
mre. Fields(5) = Trim(txtTel. Text)
mrc. Fields(6) = Trim(txtRudate. Text)
mrc. Fields(7) = Trim( txtAddress. Text)
mrc. Fields(8) = Trim(txtComment. Text)
mrc. Update
MsgBox "修改学籍信息成功！, vb()KOnly _ + vbExclamation, "修改学籍信息"
mrc. B~kmark = myBookmark
Call viewI)ata
Frame2.Enabled = True
    '使各个按钮有效
firstCommand. Enabled = True
previousCommand. Enabled = True
nextCommand. Enabled = True
lastCommand. Enabled = True
    '使各个文本框失效
txtSID.Enabled = False
txtNamc. Enabled = False
comboSex. Enabled = False
txttkBorndate. Enabled = False
comboClassNo. Enabled = False
txtRudate. Enabled = False
txtTel. Enabled = Fale
txtAddress. Enabled= False
txtComment. Enabled = False
mcclean = True
    End If
  End If
 End If
End Sub
```

单击"取消修改"按钮时，将取消所做的修改，代码如下：

```
Private Sub cancelComnaand _ Click()
If Not mcelean Then                             '判断是否处于修改状态
        '使各个按钮有效
        Frame2.Enabled = True
        firstCommand. Enabled = True
        previousCommand. Enabled = True
        nextCommand. Enabled = True
        lastCommand. Enabled = True
        '使各个文本框失效
        txtSID. Enabled = False
        txtName.Enabled = False
        comboSex. Enabled = False
        txtBorndate. Enabled = False
        comboClassNO. Ena bled = False
        txtRudate. Enabled = False
        txtTel. Enabled = False
        txtAddress.Enabled = False
```

```
                txtCotmment.Enabled = False
                mrc.Bookmark = myBookmark        '回到开始记录位置
                Call viewData
        Else
        MsgBox"什么都没有修改,有什么好取消的! ", vbOKOnly + vbExclamation, "警告"
        End If
    End Sub
```

单击"删除记录"按钮将删除当前记录,代码如下:

```
Private Sub deleteCommand _ Click()
MyBookmark = mrc. Bookmark      '记下当前记录位置
'提示是否删除
str2 $ = MsgBox("是否删除当前记录?", vbOKCancel, "删除当前记录")

If str2 $ = vbOK Then                    '判断按钮类型
        mrc. MoveNext                     '移动到数据集下一条记录
        If mrc. EOF Then                  '判断数据集对象是否为空
            nrc. MoveFirst                '移动数据集的第一条记录
            myBookmark = mrc. Bookmark    '记载当前记录的位置
            mrc. MoveLast                 '移功到最后一条记录
            mrc. Delete                   '删除记录
            nrc. Bookmark = myBookmark    '删除记录
            Call viewData                 '调用函数显示数据
        Else                              
            myBookmark = mrc. Bookmark    '记载当前位置

            mrc. MovePrevious             '移动到前一条记录
            mrc. Delete                   '删除记录
            mrc. Bookmark = myBookmark    '回到原来位置

            Call viewData                 '调用函数显示数据
        End I
    Else
        mrc. Bookmark = myBookmark
        Call viewData
    End If
End Sub
```

(3)查询学籍信息窗体的创建。选择"学籍管理|查询学籍信息"菜单,将出现如附图 4.7 所示的窗体。在这里可以按照各种方式以及它们的组合进行查询。

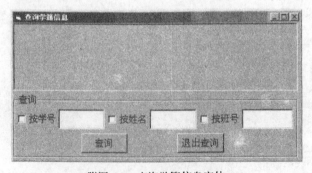

附图 4.7   查询学籍信息窗体

查询学籍信息窗体包括的控件及其属性设置见表 4.7。

附表 4.7　　　　　　　　　　查询学籍信息窗体中各个控件的属性设置

控　件	属　　性	属性取值	控　件	属　　性	属性取值
FrmInquiresinfo (Form)	Name	FrmInquirsinfo	cmdInquire	Name	CmdInquire
	Caption	查询学籍信息		Caption	查询
	MDIChile	True	cmdExit	Name	CmdExit
Cheek1	Caption	按学号		Caption	退出查询
Check2	Caption	按姓名	MyFlexgrid (MSHFlexgrid)	Name	MyFlexgrid
Check3	Caption	按班号			

窗体上添加了一个表格控件（MSHFlexgrid），用来显示查询后得到的结果。选中表格控件，单击鼠标右键并在弹出式菜单中选择"Properties"。设置表格的行和列，还可以设置固定的行和列。

首先选择查询方式，然后输入查询内容。单击"查询"按钮，触发 CIick 事件进行查询，代码如下：

```
Private Sub cmdInquire _ Click( )
    Dim txtSQL As String
    Dim MsgText As String
    Dim dd (4) As Boolean
    Dim mrc As ADODB. Recordset
    txtSQL = "select * from student _ Info where "        '组合 SQL 语句
    If Check1 (0). Value Then                             '判断是否选择学号查询方式
        If Trim(txtSID. Text) = "" Then
            sMeg = "学号不能为空"
            MsgBox sMeg, vbOKOnly + vbExelamation, "警告"
            txtSID. SetFocus
            Exit Sub
    Else
    If Not IsNumeric(Trim(txtSID.Text)) Then             '判断输入学号是否为数字
            MsgBox "请输入数字! ", vbOKOnly + vbExclamation, "警告"
            Exit Sub
            txtSID. SetFocus
        End If
        dd(0) = True
        '组合查询语句
        txtSQL = txtSQL & "student _ ID- ' "& Trim(txtSID. Text) &" ' "
    End If
End If
If Checkl (1). Value Then                                '判断是否选择姓名查询方式
    If Trim(txtName. Text) = "" Then                     '判断是否输入姓名
    sMeg = "姓名不能为空"
        MsgBox sMeg, vbOKOnly + vbExclamation, "警告"
        txtName. SetFocus
        Exit Sub
```

```
        Else
            dd(1) = True
            If dd(0) Then
            '组合查询语句
            txtSQL = txtSQL & "and student _ Name = ' "& txtName. Text &" ' "
            Else
                txtSQL = txtSQL & "student _ Name = ' " & txtName. Text & " "
            End If
        End If
    End If
    If Checkl (2). Value Then                       '判断是否选择班号查询方式
    If Trim(txtClassno. Text) = "" Then             '判断是否输入班号
            sMeg = "班号不能为空"
            MsgBox sMeg, vbOKOnly + vbExclamation, "警告"
            txtClassno. SetFocus
            Exit Sub
        Else
            dd(2) = True
            If dd(0) Or dd(1) Then
            '组合查询语句
            txtSQL = txtSQL & "and class _ No = " " & txtClassno. Text & " ' "
        Else
            txtSQL = txtSQL & "class _ No = ' " & txtClassno. Text & " ' "
        End If
    End If
    End If
    If Not (dd(0) Or dd(1) Or dd(2) Or dd(3)) Then  '判断是否设置查询方式
        MsgBox "请设置查询方式! ", vbOKOnly + vbExclamation, "警告'"
        Exit Sub
    End If
    txtSQL = txtSQL & " order by student _ ID "     '查询所有满足条件的内容
    Set mrc = ExecuteSQL(txtSQL, MsgText)           '执行查询语句
    With myflexgrid                                 '将查询内容显示在表格控件中
        . Rows = 2
        .CeUAlignment = 4
        . TextMatrix(l, 0) = "学号"
        . TextMatrix(1, 1) = "姓名"
        . TextMatrix( 1, 2) = "性别"
        . TextMatrix( 1, 3) = "出生日期"
        . TextMatrix( 1, 4) = "班号"
        . TextMatrix( 1, 5) = "联系电话"
        . TextMatrix(1, 6) = "入校日期"
        . TextMatrix(1, 7) = "家庭住址"
        Do While Not mrc. EOF                        '判断是否移动到数据集对象的最后一条记录
            . Rows = . Rows +1
            . CellAlignment = 4
            . TextMatrix(. Rows - 1, 0) = mrc. Fields(0)
            . TextMatrix(. Rows - 1, 1 ) = mrc. Fields(1 )
```

```
       . TextMatrix(. Rows - 1, 2) = mrc. Fields(2)
       . TextMatrix(. Rows - 1, 3) = Format(mrc. Fields(3), _
          "yyyy - mm - dd")
       . TextMatrix(. Rows - 1, 4) = mrc. Fields(4)
       . TextMatrix(. Rows - 1, 5) = mrc. Fields(5)
       . TextMatrix(. Rows - 1, 6) = Format(mrc. Fields(6), _
          "yyyy - mm - dd")
       . TextMatrix(. Rows - 1, 7) = mrc. Fields(7)
       mrc. MoveNext                    '移动到下一条记录
Loop
End With

    mrc.Close                          '莱闭数据集
End Sub
```

程序首先判断查询方式，如果没有设置查询方式的提示；然后对查询内容进行组合，组成 SQL 语句，进行查询，查询到数据集后，需要正常显示在表格控件中。运用循环将每一条记录的每一个字段显示出来。

单击按钮"退出查询"将退出程序，代码如下：

```
Private Sub cmdExit_Click( )
     Unload Me
End Sub
```

4.4 班级管理模块的创建

班级管理模块主要实现如下功能：添加班级信息、修改班级信息。

（1）添加班级信息窗体的创建。选择"班级管理|添加班级信息"菜单，将出现如附图 4.8 所示的窗体。

窗体中各个控件属性设置见附表 4.8。

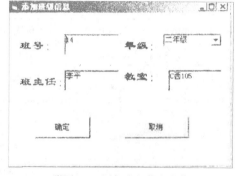

附图 4.8 添加班级信息窗体

附表 4.8　　　　　　　　添加班级信息窗体中各个控件的属性设置

控　件	属　性	属性取值	控　件	属　性	属性取值
FrmAddclassinfo (Form)	Name	FrmAddclassinfo	Label1	Caption	班号
	Caption	添加班级信息	Command2	Name	Cotmmand2
	MDIChild	True		Caption	退出按钮
txtClassno	Name	TxtClassno	Label2	Caption	年级
ComboGrade	Name	ComboGrade	Label3	Caption	班主任
txtDirector	Name	TxtDirector	Label4	Caption	教室
txtClassroom	Name	TxtClassroom			
Command1	Name	Command1			
		确定添加			

输入完内容，单击 "确认添加"按钮，触发 Click 事件，添加内容到数据库。

（2）修改班级记录信息窗体的创建。选择"班级管理 | 修改班级信息"菜单，将出现如附图 4.9 所示的窗体。

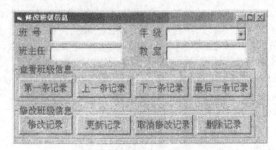

附图 4.9　修改班级信息窗体

窗体中的控件及其属性见附表 4.9。

附表 4.9　　　　　　　　　　修改班级信息窗体中各个控件的属性设置

控　件	属　性	属 性 取 值	控　件	属　性	属 性 取 值
ComboGrade	Name	cmboGrade	cmdPrevious	Name	CmdPrevious
TxtClassno	Name	txtClassno		Caption	上一条记录
FrmModify-Classinfo (Form)	Name	frm Modifyclassinfo	cmdNext	Name	cmdNext
	Caption	修改班级信息		Caption	下一条记录
	MDIChild	True	CmdLast	Name	cmdLast
txtDiector	Name	txtDirector		Caption	最后一条记录
txtClassroom	Name	txtClassroom	cmdEdit	Name	cmdEdit
Command1	Name	Command1		Caption	修改记录
	Caption	确定添加	cmdU pdate	Name	cmd Update
Command2	Name	Command2		Caption	更新记录
	Caption	退出添加	CmdCancel	Name	CmdCancel
Label1	Caption	班号		Caption	取消修改记录
Label2	Caption	年级	cmdDelete	Name	cmdDelete
Label3	Caption	班主任		Caption	删除记录
Label4	Caption	教室	Frame1	Caption	查看班级信息
CmdFirst	Name	cmdOK	Frame2	Caption	修改班级信息
	Caption	第一条记录			

窗体中"查看班级信息"中的按钮，可以浏览数据库中的各条记录，这里就不再重复。

"修改班级信息"框架中的按钮用来修改记录，实现的方法和前面介绍的一样，在此就不再赘述。

4.5　课程设置模块的创建

课程设置模块主要实现如下功能：添加课程信息、修改课程信息、设置年级课程。

（1）添加课程信息窗体的创建。选择"课程设置｜添加课程信息"菜单，将出现如附图 4.10 所示的窗体。

窗体中各个控件的属性设置见附表 4.10。

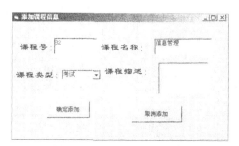

附图 4.10　添加课程信息窗体

附表 4.10　　　　　　　　　　添加课程信息窗体中各个控件的属性设置

控　件	属　性	属 性 取 值	控　件	属　性	属 性 取 值
Frm Addcourseinfo	Name	Frm Addcourseinfo	Command1	Name	Command1
	Caption	添加课程信息		Caption	确定添加
	MDIChild	True	Command2	Name	Command2
txtCourseno	Name	txtCourseno		Caption	退出添加
txtCoursenaem	Name	txtCoursenaem	Label1	Caption	课程编号
ComboCoursetype	Name	ComboCoursetype	Label2	Caption	课程名称
txtcoursedes	Name	txtcoursedes	Label3	Caption	课程类型
			Label4	Caption	课程描述

　　单击"确定添加"按钮的代码可以参照添加班级信息，这里不再叙述。

　　单击"取消添加"按钮将退出程序。

　　（2）修改课程信息窗体的创建。选择"课程设置|修改课程信息"菜单，将出现如附图 4.11 所示的窗体。窗体中各个控件的属性设置见表 4.11。

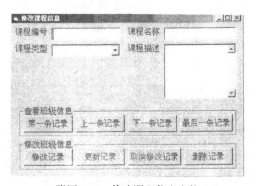

附图 4.11　修改课程信息窗体

附表 4.11　　　　　　　　　　修改课程信息窗体中各个控件的属性设置

控　件	属　性	属 性 取 值	控　件	属　性	属 性 取 值
FrmModifycourseinfo (Form)	Name	FrmModifycourseinfo	CmdCancel	Name	CmdCancel
	Caption	修改课程信息		Caption	取消修改记录
	MDIChild Name	Ture (-m(I()K	CmdDelete	Name	Cmd Delete
CmdFirst	Name	cmdOK		Caption	删除记录

续表

控 件	属 性	属性取值	控 件	属 性	属性取值
	Caption	上一条记录	Frame1	Caption	查看课程信息
cmdPrevious	Name	cmdPrevious	txtCourseno	Name	txtCourseno
	Caption	下一条记录	txtCoursenaem	Name	txtCoursenaem
cmdNext	Name	cmdNext	comboCoursetype	Name	comboCoursetype
	Caption	下一条记录	txtcoursedes	Name	txtcoursenaem
cmdLast	Name	cmdLast	Label1	Caption	课程编号
	Caption	最后一条记录	Label2	Caption	课程名称
CmdEdit	Name	CmdEdit	Label3	Caption	课程类型
	Caption	修改记录	Lapel4	Caption	课程描述
cmdUpdate	Name	cmdUpdate	Frame2	Caption	修改课程信息
	Caption	更新记录			

查看课程信息框架中的 4 个按钮用来移动的数据集中记录的位置，方法前面已经介绍过。"修改课程信息"框架中的 4 个按钮用来修改数据集中的记录，方法见前面的内容。

（3）设置年级课程窗体的创建。选择菜单"课程设置｜设置年级课程"，将出现如附图 4.12 所示的窗体。

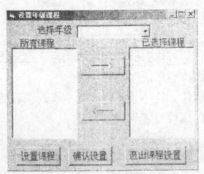

附图 4.12　设置年级课程窗体

窗体中各个控件的属性设置见附表 4.12。

附表 4.12　　　　　　　　　设置年级课程窗体中各个控件的属性设置

控 件	属 性	属性取值	控 件	属 性	属性取值
Frmsetcourseinfo (Form)	Name	Frmsetcourseinfo	cmdModify	Name	cmdModify
	Caption	设置年级课程		Caption	确认设置
	MDIChild N~t11~	True	CmdAdd	Name	cmdDelete
combograde	Name	combograde		Caption	→
Listallcourse(listbox)	Name	Listallcourse	cmdDelete	Name	cmdDelete
Listselecteourse(listbox)	Name	Listselecteourse		Caption	←
cmdSet	Name	cmdSet	Label1	Caption	选择年级
	Caption	设置课程	Label2	Caption	所有课程
			Label3	Caption	已选择课程

程序开始执行后，将在"已经选择课程"列表框中显示内容。单击"年级"下拉式文本框，将触发 Click 事件显示所选择年级的课程，代码如下：

```
Private Sub combGrade_Click( )
Dim mrc As ADODB.Rccordset
Dim txtSQL As String
Dim i As Integer
listSelectcourse.Clear                          '清除列表框内容
txtSQL="select*from gradecourse_Info where grade='"& comboGrade.Text &"'"
    Set mrc=ExecuteSQL(txtSQL, MsgText)         '执行查询语句
    If Not mrc.EOF Then                         '判断是否到最后一条记录
        For I=1 To mrc.RecordCount
        listSelectcourse.Addltem mrcFields(1)   '添加内容到列表框中
        mrc.MoveNext                            '移动到下一条记录
    Next i
    End If
    mrc.Close
End Sub
```

程序根据选择的年级查询获得相应的信息，并显示在列表框中。

单击"设置课程"按钮，将进入设置状态，"所有课程"列表框将显示所有课程，代码如下：

```
    Privat Sub cmdSet_Click( )
    Dim mrc As ADODB.Recoudset
    Dim txtSQL As String
    Dim MsgText As String
    listAllcourse.Enabled=True                  '使各个控件有效
    listSelectcourse.Enabled=True
    cmdModify.Enabled=True
    txt SQL="select * from course_Info"         '查询数据
    Set mrc=ExecuteSQL(txtSQL, MsgText)
    While(mrc.EQF=False)                         '判断是否到最后一条记录
        ListAllcourse.Addltem mrc.Fields(1)      '添加内容到列表框中
        mrc.MoveNext
    Wend
    mrc.Close
    flagSet=True
End Sub
```

单击"添加"和"删除"按钮，可以添加和删除课程，代码如下：

```
    Privatc Sub cmdAdd_Click( )
        If listAllcourse.ListIndex< >-1 Then    '判断是否有内容被选中
            listselectcourse.AddItem listAlicourse.List(listAllcourse.ListIndex)
        End If
    End Sub
    Private Sub cmdDelete_Click( )
        If listSelectcourse.ListIndex< >-1 Then '判断是否有内容被选中
            listSelectcourse.Remove Item listSelectcourse.List Index
```

```
        End lf
End Sub
```

列表框的 ListIndex 属性用来指示当前选择项，–1 表示没有被选中的数据项。

单击"确认设置"按钮，将课程设置数据保存到数据库中。

单击"退出课程设置"按钮将退出程序。

4.6 成绩管理模块的创建

成绩管理模块主要实现如下功能：添加成绩信息、修改成绩信息、查询成绩信息。

（1）添加成绩信息窗体的创建。选择"成绩管理|添加成绩信息"菜单，将出现如附图 4.13 所示的窗体。

附图 4.13 添加成绩信息窗体

窗体中各个控件的属性设置见附表 4.13。

附表 4.13　　　　　　　　　添加成绩信息窗体中各个控件的属性设置

控 件	属 性	属性取值	控 件	属 性	属性取值
FrmAddresult (Form)	Name	FrmAddresult	CmdCancel	Name	CmdCancel
	Caption	添加成绩信息		Caption	退出添加
	MDIChild	True	Label	Caption	考试编号
ComboExamtype	Name	ComboExamtype	Label	Caption	选择班号
ComboClassno	Name	ComboClassno	Label	Caption	选择学号
ComboCourse	Name	ComboCourse	Label	Caption	姓名
TxtResult	Name	Txt Result	Label	Caption	选择课程
ComboSlD	Name	ComboSID	Label	Caption	分数
TxtName	Name	TxtName	CmdOK	Name	CmdOK
				Caption	确定添加

选择班级后，将触发 Click 事件，学号的文本框中自动加入相关班级的所有学号。

单击"确认添加"按钮，将输入内容添加到数据库中。

（2）修改成绩信息窗体的创建。选择"成绩管理｜修改成绩信息"菜单，将出现如附图 4.14 所示的窗体。

控件的属性设置以及修改信息的方法和前面的模块一样。

（3）查询成绩信息窗体的创建。选择"成绩管理|查询成绩信息"菜单，将出现如附图 4.15 所示的窗体。

控件属性的设置以及查询方法和查询学籍信息窗体的内容一样。请读者按照以上模块的方法来自行完成。

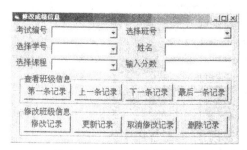

附图 4.14　修改成绩信息窗体

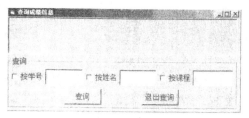

附图 4.15　查询成绩信息窗体

［1］孙家启. Visual Basic 程序设计教程. 合肥：安微大学出版社，2007

［2］孙家启. Visual Basic 上机实验教程. 合肥：安微大学出版社，2007

［3］孙家启. 新编 Visual Basic 程序设计教程. 北京：人民邮电出版社，2010

［4］许薇. Visual Basic 程序设计教程. 北京：清华大学出版社，2008

［5］罗朝盛. Visual Basic 学习与实践指导. 抗州：浙江科技出版社，2008

［6］罗朝盛，胡同森. Visual Basic 6.0 程序设计实用教程（第二版）. 北京：清华大学出版社，2006

［7］龚沛曾，陆慰民，杨志强. Visual Basic 实验指导与测试（第 3 版）. 北京：高等教育出版社，2007